内蒙古自然资源
少儿科普丛书

# 动物密码
DONGWU MIMA

内蒙古自然博物馆／编著

内蒙古人民出版社

**图书在版编目（CIP）数据**

动物密码／内蒙古自然博物馆编著. --呼和浩特：
内蒙古人民出版社，2021.7
（内蒙古自然资源少儿科普丛书）
ISBN 978-7-204-16759-3

Ⅰ．①动… Ⅱ．①内… Ⅲ．①动物资源-内蒙古-少
儿读物 Ⅳ．①Q958.526

中国版本图书馆 CIP 数据核字（2021）第 093838 号

**动物密码**

---

| 作　　者 | 内蒙古自然博物馆 |
| --- | --- |
| 策划编辑 | 贾睿茹 |
| 责任编辑 | 陈宇琪 |
| 责任校对 | 李月琪 |
| 责任监印 | 王丽燕 |
| 封面设计 | 宋双成 |
| 音频制作 | 张怀远 |
| 出版发行 | 内蒙古人民出版社 |
| 地　　址 | 呼和浩特市新城区中山东路 8 号波士名人国际 B 座 5 层 |
| 网　　址 | http://www.impph.cn |
| 印　　刷 | 内蒙古爱信达教育印务有限责任公司 |
| 开　　本 | 787mm×1092mm　1/16 |
| 印　　张 | 13.25 |
| 字　　数 | 260 千 |
| 版　　次 | 2021 年 8 月第 1 版 |
| 印　　次 | 2021 年 8 月第 1 次印刷 |
| 书　　号 | ISBN 978-7-204-16759-3 |
| 定　　价 | 48.50 元 |

---

如发现印装质量问题,请与我社联系。联系电话:(0471)3946120

.-/./.--/.-/.-../.--/---/---/-./.-/.

# 《内蒙古自然资源少儿科普丛书》
## 编委会

主　编：王军有　曾之嵘

副主编：刘治平　郭　斌

编委会主任：马飞敏　陈延杰

编　委（以姓氏笔画为序）：

马姝丽　王　嵋　王　磊　王姝琼　冯泽洋

刘　皓　刘思博　李　榛　佟　瑶　佟　鑫

张　茗　陆睿琦　青格勒　周　斌　郝　琦

郜　杰　高伟利　郭　磊　康艾

文字统筹：高丽萍

# 小小探险家

## 这场内蒙古探秘之旅你准备好了吗?

我们为正在阅读本书的你 提供了以下专属服务

### ★探秘必备法宝★

**本书讲解音频:**跟随讲解的声音,探秘内蒙古自然资源!

**配套电子书:**在线读一读,内蒙古自然资源知识超齐全!

### 📷 领取探秘工具

自然卡片扫一扫,大自然的秘密都被你发现啦!

拍照记科普笔记,有趣的科普知识通通帮你存好了!

趣味测一测,原来你对自然资源这么了解哦!

### 📖 拓展探秘知识

看看科普视频,大自然的科普竟然这么有趣!

翻翻优选书单,噢!你的探秘技能也翻一番!

### 🐭扫码立领

添加 **智能阅读小书童**
告诉你内蒙古探秘的好去处

# 前　言

　　壮美的内蒙古横亘祖国北疆，跨越东北、华北、西北三区，土地总面积118.3万平方公里。内蒙古是我国重要的生态功能区，自然禀赋得天独厚，拥有草原、森林、水域、荒漠等多种独特的自然形态和自然资源。内蒙古的森林面积居全国之首。内蒙古保有矿产资源储量居全国之首的有22种，居全国前三位的有49种，居全国前十位的有101种。内蒙古人民珍爱自然，已建立自然保护区182个、国家森林公园43个、国家湿地公园49个，还有世界地质公园3个、国家地质公园8个。

　　绿色是内蒙古的底色，也是内蒙古未来发展的方向。习近平总书记指出："内蒙古生态状况如何，不仅关系全区各族群众生存和发展，而且关系华北、东北、西北乃至全国生态安全。把内蒙古建成我国北方重要生态安全屏障，是立足全国发展大局确立的战略定位，也是内蒙古必须自觉担负起的重大责任。"

　　绿水青山就是金山银山。自然是人类赖以生存和发展的根基。广袤的草原、肥沃的土地、水产丰富的江河湖海等，不仅给人类提供了生活资料来源，也给人类提供了生产资料来源。人类善待自然，按照大自然规律活动，取之有时，用之有度，自然就会慷慨地馈赠人类。正如《孟子》所说："不违农时，谷不可胜食也；数罟不入洿池，鱼鳖不可胜食也；斧斤以时入山林，材木不可胜用也。"我们要牢固树立绿色发展理念，坚持走生态文明之路。

培养绿色发展理念，首先要熟悉热爱大自然。内蒙古自然博物馆是内蒙古首座集收藏陈列、科学研究、科普教育为一体的大型自然博物馆，是国内泛北极圈自然资源特色鲜明、收藏和展示功能一流的自然博物馆，更是宣传内蒙古、让世界人民了解内蒙古的窗口和平台。为了让少年儿童充分了解内蒙古的自然资源，内蒙古人民出版社联合内蒙古自然博物馆出版了《内蒙古自然资源少儿科普丛书》。丛书包含动物、植物、矿物及古生物四个主题，着重介绍了它们鲜为人知的有趣知识，让少年儿童了解它们的故事，进而培养保护自然的意识。

《内蒙古自然资源少儿科普丛书》凝聚着博物馆人对内蒙古自然资源的理解与感受。在丛书或长或短的文字描绘中，知识只是背景，感受才是主体。请随着我们的目光，细细观察每一个物种、每一种矿产，聆听它们的生动故事，感受大自然的殷切召唤。

编委会

2021年8月

# 目录 CONTENTS

## 大森林                                              1

# 大水域　　127

## 大荒漠 179

# 大森林

　　说到内蒙古，大家心里都会想到一望无际的大草原。但是你知道吗，内蒙古大森林的名气也是响当当的！第九次全国森林资源清查结果显示，内蒙古全区的森林面积已经达到3.92亿亩，森林覆盖率为22.10％。内蒙古的森林资源主要集中分布在大兴安岭，这里是我国重点国有林区，被人们称作"北疆的绿色长城""绿色的立体宝库"。

　　内蒙古森林中的"居民们"千奇百态，共同奏响了一曲曲美丽的森林乐章。走进大森林，我们便会听到鸟儿的叫声，看到穿梭在林中的兽类，它们把这里当作自己的家。弱肉强食，适者生存，便是这林中的法则。森林中的每个成员都是这生态系统中必不可少的一个环节，它们共同构成了一条无形的链子，它们离不开森林，森林也离不开它们。

 森林鸟类

 森林兽类

▲ 内蒙古森林地貌

■ 森林昆虫

■ 森林啮齿动物

# 森林鸟类

鸟类是天空中的"飞行员"，它们的身上披着五彩斑斓的羽毛，飞翔在森林之中。它们有的是大树的"医生"，有的是歌声曼妙的"歌者"，有的还是家族中的"哨兵"。正是它们的存在，使森林变得更加生机勃勃。

扫码立领
- 本书讲解音频
- 配套电子书
- 自然卡片
- 科普笔记

陆禽

陆禽包括鸡形目和鸽形目的所有种类，它们主要生活在陆地上。它们不擅长远距离飞行，但擅长在陆地上奔走，这便导致它们具有非常强健的腿和脚。

猛禽

猛禽包括隼形目和鸮形目的所有种类，它的个体数量虽然没有其他类群多，但它的战斗力却是所有类群中最顶尖的，人们给它们起了个绰号——"战斗机"。

攀禽

攀禽最明显的特征就是它们的脚，它们的脚趾两个向前、两个向后，这样的脚趾有利于它们攀缘在树上。

鸣禽

鸣禽是鸟类中最为进化的类群。鸣禽善于鸣叫，具有发达的发声器官，空气的流动会使它们的发音膜振动，它们通过改变肌肉的紧张程度发出不同的鸣叫声。

# 环颈雉 / *Phasianus colchicus*
■ 鸟纲　■ 鸡形目　■ 雉科

　　环颈雉属于鸟纲雉科，杂食类。它们喜欢生活在低山丘陵、农田、沼泽草地或林缘的灌丛之中，不仅如此，公路两边的草地或灌丛之中也可能会有它们的身影。

≫　环颈雉的尾巴

≪ 英俊小生头上戴的羽翎

≪ 鸡的尾巴

　　与生活中的家养鸡相比，它们的体形略小，尾巴却比鸡长得多，尾部逐步变尖。你一定见过它们的尾羽，在戏剧表演中，很多英俊小生头上戴的长长的羽翎便出自它们的尾羽。我们知道，很多动物都是雄性比雌性漂亮，环颈雉也一样。雄鸟身上的羽毛非常华丽，会发出高级的金属光泽，"环颈"二字体现在其颈部的"白色颈圈"；它们的头顶两侧还有显眼的耳羽簇，像一顶王冠戴在头上；它们的腿以下到脚之间的部位长有又短又尖锐的距，这就是它们用来战斗的"武器"。

它们虽被称作"贵妇",但也是"斗士"。它们喜欢打架斗殴,如果它们的养殖密度过大,那一定会发生"暴力事件"。

≪ 雌性环颈雉

≪ 雄性环颈雉

大长腿

你看到它们长长的腿了吗,当遇到天敌时,它们会像脚踩风火轮一般飞驰而去。

# 黑琴鸡 / *Lyrurus tetrix*
■ 鸟纲　■ 鸡形目　■ 松鸡科

　　黑琴鸡体形中等，是国家一级重点保护野生动物。黑琴鸡是一种山地森林鸟类，喜欢栖息在开阔地附近的松林、桦树林或混交林中。

《黑琴鸡打斗

雌性黑琴鸡 》

　　它们有一个圆锥形的短喙，因为翅膀短而圆，所以它们不善于飞行。但是，它们的脚部十分强健，非常擅长在地面上奔走以及掘地啄食猎物。你知道黑琴鸡为什么这样命名吗？是因为它们有18枚黑褐色的尾羽，最外侧的三对特别长并像镰刀一样向外弯曲，与西洋古琴的形状十分相似，所以才有这么好听的名字。

黑琴鸡雌鸟与雄鸟不同，雌鸟羽毛颜色较浅，上体大都呈棕褐色，有条块状黑褐色横斑。雄鸟基本上通体全黑，它们的头部、颈部、喉部和下背处有蓝绿色金属光泽，内侧初级飞羽和次级飞羽虽然是白色的，但由于不易露出，所以不容易看出来。因此，规矩站立的它们就像是一只站立的小黑煤球。

《 三对特别长并像镰刀一
样向外弯曲的尾羽

你知道吗？在冬季太阳即将落下的时候，它们会在白色的雪地上用尖锐的爪子"扒拉"出一个雪窝，它们会在这个雪窝中入眠，雪窝可以保护它们免受寒风的伤害。

大森林

8

# 蓝马鸡 / *Crossoptilon auritum*
■ 鸟纲　■ 鸡形目　■ 雉科

　　蓝马鸡是生活在高山寒冷地区的一种陆禽，一般栖息在海拔2000~3000米的茂密灌丛或树林之中，是珍稀名贵的禽类。所谓"蓝"是因为它们通体蓝灰色阿羽毛极其美丽；"马"是因为它们有着长长的尾羽，尾羽自然垂下像极了马的尾巴。

≪ 通体蓝灰色

觅食 ≫

　　你看，它们脸上的耳羽像不像一个老爷爷，长长的"胡子"随风飘动。头侧的绯红色在单一的灰蓝色上留下了点缀的一笔。蓝马鸡是鸡中的"士兵"，它们喜欢集体活动，总是在拂晓的时候集合觅食。"班长"鸡一声啼叫，四面八方便会传来此起彼伏的啼叫声，它们会排成纵队，像士兵一样训练有素。

≪ 头部

≪ 耳羽

蓝马鸡虽然不具备飞行技能，但一个个都是"弹跳能手"，喜欢在枝繁叶茂的树上活动，一蹦一跳地从最低的树枝到达树的最顶端。在夜晚休憩的时候，"班长"鸡会站在树的高处，假若出现敌情，它便会一声鸣叫提醒大家快速躲藏逃窜。

大森林

# 珠颈斑鸠 / *Streptopelia chinensis*

■ 鸟纲　■ 鸽形目　■ 鸠鸽科

　　珠颈斑鸠俗称"野鸽子"，是鸽形目、鸠鸽科、斑鸠属的一种鸟类。它们喜欢栖息在低山丘陵、平原或山地的森林之中，有时在果园或农田宅院附近也可以看到它们。

≪ 在树枝上栖息

≫ 飞翔

　　珠颈斑鸠是我国东部和南部最常见的一种野生鸽形目鸟类。它们与鸽子大小相似，通体被褐色的羽毛所覆盖，脖颈后部至两侧呈黑色，上面密密麻麻分布着许多白色斑点，就像一颗颗白色珍珠，因此得名"珠颈斑鸠"。

珠颈斑鸠的虹膜呈褐色，暗褐色的嘴巴略向下弯曲。珠颈斑鸠总是会成对或成小群活动。如果活动中遇到危险导致雌鸟受伤，雄鸟会被惊动飞走，但不一会儿便又会回到原处，在上空盘旋鸣叫。它们的巢有时会建在树上。在雌鸟产下卵后，雌雄亲鸟会轮流孵卵。在孵卵期间，即使有人在树下走动或停留，它们也不会飞离自己的"家"。珠颈斑鸠幼鸟会把头伸进爸爸妈妈的嘴里吃"鸽乳"，即爸爸妈妈消化了一半的食物。

# 雪鸮 / *Bubo scandiaca*
■ 鸟纲　■ 鸮形目　■ 鸱鸮科

　　雪鸮是一种大型猫头鹰。它们可是我们的网红选手，它们的表情包层出不穷，它们凭借着雪白的身体、圆圆的脑袋、大大的黄眼睛获得了广大网友的喜爱。它们嘴巴上刚毛一般的须状羽几乎完全遮挡住了嘴巴，让它们本就不大的嘴巴看上去更加小了，像一个小老头。

≪ 须状羽几乎遮住了嘴巴

≪ 观察猎物

捕猎 ≫

　　别看它们这么可爱，它们可是当之无愧的猛禽！虽然它们的眼睛不能转动，但是它们的头可以旋转270度！

不光如此，它们出类拔萃的听觉和视觉，也对它们捕食活动的顺利进行起到了关键的作用，它们即便飞翔在高空也能够清楚地听到、看到地上的猎物。它们是加拿大魁北克省鸟，加拿大1986年发行的面值50加拿大元纸币上也有它们可爱的面孔。

眼睛不能转动 》

大森林

# 长耳鸮 / *Asio otus*

■ 鸟纲　■ 鸮形目　■ 鸱鸮科

　　长耳鸮是我国国家二级重点保护野生动物。长耳鸮其实并没有名字中所说的"长耳"，长长的其实是它们的耳羽簇。它们长长的耳羽簇下藏着两个大"黑洞"，其实这才是它的耳朵。这两个"黑洞"非常大，甚至可以从里面看到长耳鸮眼睛的后半部分以及部分头颅内的结构。

《 耳朵

寻找猎物 》

　　长耳鸮敏锐的听觉有利于提高它们的捕食能力。它们食性很杂，以鼠类等啮齿动物为食，也吃小型鸟类、哺乳类和昆虫，对控制鼠害有积极作用。

≪ 耳羽簇
（用来向同类传递信息）

≪ 向下弯曲且具钩的喙

长耳鸮飞行时自带"消音器"，它们的飞羽前面有一排锯齿状结构，后面边缘有绒毛状结构，可以稳定飞羽表面的空气流动，消除噪音。

# 赤腹鹰 / *Accipiter soloensis*

■ 鸟纲 ■ 隼形目 ■ 鹰科

　　赤腹鹰是一种小型猛禽。这是猛禽？这分明就是鸽子啊！的确，它们的上体大体为蓝灰色，下体白色，胸腹部还带有粉色，外形与鸽子极其相似，但它们的确是一种猛禽，主要以蛙、蜥蜴等动物为食，因此也称作"鸽子鹰"。

《 鸽子

《 头部

≫ 捕食猎物

　　赤腹鹰主要栖息在山地森林之中，有时也会出现在低山丘陵或村庄附近。赤腹鹰的翅膀又尖又长，有时候，它们会在高空中盘旋，发出高声鸣叫。赤腹鹰在捕食猎物的时候往往会站在高高的树枝上或隐蔽于丛林之中，观察地面上的各种风吹草动，一旦锁定目标便会立刻冲向猎物，让它们措手不及。

背部《

# 红隼 / *Falco tinnunculus*

■ 鸟纲　■ 隼形目　■ 隼科

　　红隼是比利时的国鸟，是欧洲体形最小的猛禽，是世界性濒危动物。红隼喜欢生活在山地或空旷的原野之中。

≫ 黄色且具钩的足

≫ 翅膀上类似三角形的斑点

　　红隼在中国分布广泛。在中国北部繁殖的红隼"家族"为夏候鸟，它们在春季或夏季的时候繁殖，而到了秋天，它们就会飞到比较温暖的地方过冬，次年春天它们又会回到原处。在中国南部繁殖的红隼们为留鸟，它们终年都生活在一个地区。

雄性红隼的头部呈蓝灰色，背部和翅膀上的覆羽呈砖红色，上面还分布着类似三角形的黑色斑点。雌性红隼的颜色就比较单一了，它们上体是棕红色的，头顶至后颈以及颈侧具有黑褐色的纵纹以及横向的斑点。

雄性红隼 》

《 雌性红隼

　　红隼的喙比较短，喙的顶端为黑色，基部为黄色。红隼圆圆的大眼睛极为可爱，它们的眼睑为黄色，虹膜为暗褐色。红隼的视力极好。不仅如此，红隼还可以感受到紫外线，它们可以凭借猎物尿液反射的紫外线来追踪猎物。红隼的飞行能力极强，它们不仅喜欢在天空中飞翔，还喜欢逆风飞翔。它们通过扇动翅膀在空中短暂停留来寻找猎物，一旦锁定目标，它们就收起翅膀俯冲下去捕食猎物。

# 三趾啄木鸟 / *Picoides tridactylus*
■ 鸟纲　■ 鴷形目　■ 啄木鸟科

　　说到啄木鸟，我们就会想到"大树的医生"，三趾啄木鸟便是这"医生"中的一员。三趾啄木鸟生活在山地以及平原的针叶林或针阔叶混交林之中，是一种典型的森林鸟类。

≪ 雄性三趾啄木鸟

　　三趾啄木鸟为小型鸟类。三趾啄木鸟仅有三个脚趾，爪子为灰色。雄鸟的头顶呈金黄色并且背部有明显的白色条纹，这是它们在啄木鸟中所独有的。雌鸟的头顶呈黑色并且具有白色斑点；眼后有一道明显的白色纹路，这道纹路一直向后延伸到它的颈部两侧。

　　三趾啄木鸟的巢在树洞里。4月，它们开始寻找配偶。5月初，它们开始筑巢。雌鸟和雄鸟会一起啄巢，大约15天它们的巢洞才能筑好。

你知道啄木鸟为什么每天撞击头部却不得"脑震荡"吗？

原来，啄木鸟的头上有"防震装置"。它们的头部骨骼比较疏松，并且内部充满了空气，头骨内部坚韧的外脑膜与脑髓之间竟然还有一条含有液体的狭窄空间，这些得天独厚的自身条件为它们成为"大树医生"起到了关键作用。

仅有三个脚趾

# 欧夜鹰 / *Caprimulgus europaeus*

■ 鸟纲 ■ 夜鹰目 ■ 夜鹰科

　　欧夜鹰喜欢捕食蚊子、夜蛾、甲虫等昆虫。白天它们会在树枝上栖息，有时也会隐藏在地上的灌木丛中，黄昏和晚上出来活动，为夜行性动物。

≪ 在树枝上栖息

≪ 躲藏在枯草中

隐藏在灌木丛中 ≫

欧夜鹰的飞行速度极快，身形矫健。不仅如此，它们在飞行时没有声音，这大大提高了它们捕食猎物的能力。捕食猎物的时候，它们会一直张着大嘴，一边飞行，一边享受落入口中的美味。

欧夜鹰的巢会建在森林的地上、灌木丛中，有时它们直接在裸露的地上产卵，可以说是非常"懒"的小动物了。

⌄ 产卵

# 普通雨燕 / *A. apus*
■ 鸟纲 ■ 雨燕目 ■ 雨燕科

　　普通雨燕的外形与燕十分相似，体长10~30厘米，大多呈黑色或褐色。普通雨燕十分喜欢飞行，是"飞行行家"，我们很少能遇到停留在树上或地面上的普通雨燕。普通雨燕的飞行速度极快，是长途飞行的冠军，它们季节性迁徙时的飞行速度可达110公里/小时。

≪ 产卵

≫ 喂食

　　它们喜欢成群地盘旋飞行，阴天在低空飞行，晴天在高空飞舞，常常一边飞一边高鸣。普通雨燕在繁殖期会成群结队地开始营巢。在筑巢的时候，雄鸟和雌鸟会一同参与，但雌鸟为筑巢的"主力军"。它们用唾液将筑巢的各种材料黏合，附着在岩壁上。通过这样的方式筑成的巢非常坚固。

普通雨燕会在筑巢后的5~7天开始产卵，一窝往往会产出2~3枚光滑的卵。卵为白色，形状为长椭圆形。在鸟妈妈孵化幼鸟的时候，鸟爸爸会经常衔来食物投喂鸟妈妈。鸟妈妈可真幸福！在爸爸妈妈的悉心照料下，5~8周后的幼鸟就可以破壳而出啦！

≪ 大多为黑色或褐色

飞翔 ≫

大森林

# 大杜鹃 / *Cuculus canorus bakeri*
■ 鸟纲 ■ 鹃形目 ■ 杜鹃科

　　大杜鹃就是"布谷鸟"，它们鸣叫的时候会发出"布谷布谷"的叫声，因此被我们所熟知。它们还有"子规""杜宇""郭公"等别名。

　　大杜鹃的雌雄体外形相似。雄性大杜鹃上体为纯暗灰色，两个翅膀呈暗褐色，翅膀边缘为白色且有褐色的斑分布，胸部为浅灰色。雌性大杜鹃上体呈灰色，还夹杂着一些褐色的羽毛，胸部呈棕色。

《 喂食

在树上栖息 》

《 飞行

　　大杜鹃既不孵卵也不筑巢，它们会把卵产在大苇莺、麻雀等鸟类的巢中，让这些鸟来替它们喂养自己的孩子。

当大杜鹃的幼鸟从蛋壳里出来后，它们就会将剩下没有孵化出来的鸟蛋推下鸟巢，独享"母鸟"所有的食物。大杜鹃幼鸟的体形可能比喂养它们的"母鸟"大得多，但是"母鸟"可能仅仅觉得是生了一个比自己还大的"巨婴"，一直尽心尽力地喂养它们，直到它们比自己的巢穴还要大，最终飞向天空。

你或许会疑惑，为什么这些"母鸟"要喂养这些"非亲生"的幼鸟呢？其实，幼鸟橙色的喙会刺激"母鸟"的母性喂养本能。当幼鸟长到比鸟巢还大时，便会张开大嘴一边叫一边抖动翅膀，这会让喂养它们的"母鸟"认为巢中是两只幼鸟而加大投喂的食量。

# 黄腹山雀 / *Parus venustulus*
■鸟纲　■雀形目　■山雀科

　　黄腹山雀是一种小型鸟类，也是中国特有的一种鸟类。因为它们的胸腹部为黄色，因此得名"黄腹山雀"。黄腹山雀又称作"采花鸟""黄豆崽""黄点儿"。

《 雄性黄腹山雀

雌性黄腹山雀 》

　　黄腹山雀体长9~11厘米，它们的头和背部的上部有非常明显的白色块斑，虹膜呈褐色或黑褐色。它们通常成群活动。它们的叫声叽叽喳喳的，就好像在理直气壮地责备你一样。

黄腹山雀以昆虫为主要猎食对象，偶尔也会吃一些植物的果实或种子。黄腹山雀的体形特别小，也正因为它们小小的身躯，才能在这样鲜艳的毛色下维持种族的延续。

胸腹部的黄色羽毛

# 黑枕黄鹂 / *Oriolus chinensis*

■ 鸟纲　■ 雀形目　■ 黄鹂科

　　大诗人杜牧的《绝句》中有这样一句："两个黄鹂鸣翠柳，一行白鹭上青天。"黄鹂这种鸟类经常出现在中国的古诗词中，下面的这个主角便是黄鹂中的一种——黑枕黄鹂。

《 在树枝上栖息

喂食 》

　　黑枕黄鹂主要生活在低山丘陵以及山脚下平原地带的天然次生阔叶林、混交林中，还会出现在农田、原野中，不仅如此，城市公园的树上没准也有它们的身影。黑枕黄鹂全身大部为鲜艳的金黄色，头上有一条明显的黑色宽带，这宽带从眼部前方一直向后延伸，在它们的后枕部汇合且相连，构成了一条围绕在头顶的黑色环带。

雌鸟和雄鸟的羽色大体一致，但雌鸟比雄鸟的颜色更浅，雌鸟背部的颜色也更绿一些，呈黄绿色。黑枕黄鹂大多喜欢在大树的树枝上活动，很少会在地上觅食。它们的声音清脆且婉转悠扬，不仅自己有着独具一格的声线，还可以模仿别的鸟类的声音，可以说是鸟中的"配音员"。

≫ 头上有黑色环带

大森林

# 山噪鹛 / *Garrulax davidi*

■ 鸟纲　■ 雀形目　■ 噪鹛科

山噪鹛是中国特有的一种鸟类，它们喜欢栖息在山地灌丛或矮树林中，山脚、平原、溪流沿岸的柳树丛中也有它们的身影。山噪鹛是一种留鸟，昆虫或是昆虫的幼虫都是它们的美食。有时它们还会"换换口味"，吃一些植物的果实和种子。

山噪鹛全身羽毛以 ≫
灰褐色、灰色为主

≪ 休息

山噪鹛的繁殖期在5～7月。它的巢会建在隐蔽的灌木丛中，浅杯状的巢由各种细枝、枯草的根茎等材料构成，里面有时还会有一些羽毛垫在其中。山噪鹛的卵非常好看，呈淡蓝色。它们喜欢在地面上捕食昆虫，经常会隐蔽在灌木丛下。

山噪鹛雌性和雄性的外观特别相似，鸟类爱好者主要通过声音来区分它们——雌鸟的叫声要比雄鸟的叫声更加洪亮。正因为山噪鹛的叫声好听，受到了许多养鸟的人士喜爱。虽然它们目前还不是濒危动物，但许多地区它们的数量已经在急剧减少了。鸟儿不应该生活在笼子里，应该生活在大自然中。

《 山噪鹛淡蓝色的卵

# 小嘴乌鸦 / *Corvus corone*
■ 鸟纲　■ 雀形目　■ 鸦科

　　说到乌鸦大家会认为它们是黑暗、邪恶的象征，因为它们会吃一些动物腐肉，叫声也非常凄凉。其实，它们是"孝顺"的鸟类，有反哺的生理特性，年幼的乌鸦会衔来食物嘴对嘴地喂到年老的乌鸦嘴里。

∨ 羽毛呈黑色

寻找猎物 »

大家都听过"乌鸦喝水"的故事吧，这个故事中的乌鸦如此聪明。说乌鸦聪明可不是空穴来风，它们的智商可以与7岁的孩子相媲美，超越了许多除人类之外的灵长类动物的智商。研究发现，乌鸦可以将树枝制成钩状的小棍，用小棍将缝中的昆虫钩出来；乌鸦还会将坚硬的坚果扔在马路中央，待汽车辗过后，再飞到路上捡起果肉食用。

# 森林兽类

　　森林中生活着种类丰富的兽类，它们为绿色的大森林增添了生机与活力，大森林则给它们提供了丰富的食物、温馨的"家"以及适宜的气候条件。大到黑熊、驯鹿，小到松鼠、蝙蝠，每一个物种都在这个被称为"地球之肺"的"绿色王国"中留下了属于自己的印记。

　　食肉目就是我们常说的"猛兽"，它们有着尖锐的牙齿、锋利的爪子，它们依靠发达的听觉、嗅觉和视觉寻找它们的猎食物。

**食肉目**

　　翼手目的种类丰富，往往是许多病毒的天然宿主，有研究显示，蝙蝠（哺乳纲翼手目动物的统称）的身上携带着上千种病毒！

**翼手目**

　　偶蹄目通常有两个或四个趾头，趾头的顶端长有鞘状蹄，它们的第三趾和第四趾非常发达。

**偶蹄目**

大森林

38

# 黑熊 / *Ursus thibetanus*
■ 哺乳纲　■ 食肉目　■ 熊科

　　大家对黑熊一定不陌生，黑熊也叫"月牙熊"，这是从它们胸前的月牙形白斑而得名的。因为脸部两侧有长长的鬃毛使黑熊本来就大的脸显得更大，感觉巨大的脸上的眼睛、鼻子、嘴巴都聚在了中间，和棕熊比起来黑熊显得虎头虎脑的。

黑熊的"V"领 》

≫ 黑熊幼崽

　　黑熊的脚掌硕大，力气也极大。别看它们体形巨大，爬树这种技能竟也不在话下。当遇到危险的时候，母熊会让小熊上树躲避，自己留下与其搏斗。动物世界里的母爱也如此伟大！所以，如果我们在野外遇到黑熊，我们一定不要靠近它们，更不要伤害黑熊宝宝。

黑熊具有冬眠习性，在秋季，它们便会大量进食，为冬眠贮存能量和脂肪。当寒冷的冬天来临，黑熊一家便会不吃不喝，通过降低体温和心率等方式减少代谢，在半睡眠中度过冬季，直到第二年三四月它们才会出洞。

# 金钱豹 / *Panthera pardus*
■ 哺乳纲　■ 食肉目　■ 猫科

　　金钱豹是猫科、豹属的大型肉食性动物。你知道中国古代铜钱的形状吗？它们身上的环斑很像中国古代的铜钱，因此得名"金钱豹"。

观察猎物 ≫

准备捕猎 ≫

≪ 身上的环斑
像中国古代
的铜钱

　　金钱豹总是一副凶猛严肃的样子，每个人见到它们都会心生畏惧。与老虎相比，它们体形较小，但是它们的听觉、嗅觉、味觉却毫不逊色，林中的很多大型动物都是它们的猎物。它们会把捕捉到的猎物偷偷地藏在洞里，等外出回来饿了就可以美美地饱餐一顿。

# 貉 / *Nyctereutes procyonoides*
■哺乳纲 ■食肉目 ■犬科

　　这个到底是浣熊还是狐狸呢？这个其实是貉，是犬科、貉属的一种动物，被认为是类似犬科祖先的一个物种。貉的嘴巴呈白色，四肢黑色并且比较短小，尾巴又短又粗，脸上的黑斑使它们看起来就像是戴了一个面具。

小浣熊 》

《 四肢短小

　　貉有一个"至交"——獾子，它们的关系好到可以和睦地生活在同一个洞穴中。貉还甘心做獾子的"土车子"：貉仰面朝天，任獾子从洞里往自己身上堆土，然后叼着它们蓬松的尾巴向外运土。

别看貉长得像狐狸，其实它们特别乖巧，甚至有点"懒"。它们总是用其他动物的废弃旧洞当作自己的家，或居住在石隙、树洞里。

　　别看它们"懒"，它们其实是"热心肠"的小家伙。有人发现，在深秋或是渐入冬季的时候，獾子一家会打洞筑巢，好兄弟貉知道了，便会衔来一些枯草树枝来帮助它们，这种"助人为乐"的行为在动物界是少之又少的。

# 豺 / *Cuon alpinus*
■ 哺乳纲　■ 食肉目　■ 犬科

　　下面这个又像狼、又像狗、体形又有点像赤狐的动物就是我们经常说的豺。它们背毛呈红棕色，毛尖为黑色，腹部的毛为白色。它们的尾巴比狼的略长，尖端为黑色。

豺 》

《 狐狸

《 狗

狼 》

　　它们的额骨凸起，从侧面看好像整个面部都是鼓起的，下颌每侧都有两个臼齿，并且牙齿极其锋利，这些特点可以增强它们的咬合力，为它们成为现存最强的犬科动物奠定了基础。

野猪大多喜欢集群活动，很多都是雌性野猪带着几只野猪幼崽在外觅食。野猪幼崽的身上会有明显的棕色条纹，随着幼崽的生长，条纹会逐渐消失。有时雌性野猪带着幼崽觅食的时候会用鼻子挖出一道沟，幼崽在沟中寻找食物，其浅棕色皮毛可以帮助它们隐藏在其中。

《 野猪幼崽

# 梅花鹿 / *Cervus nippon*

■哺乳纲　■偶蹄目　■鹿科

　　梅花鹿家喻户晓，是一种中小型鹿，是国家一级重点保护野生动物。因为它们身上有许多白色斑点，与梅花非常相似，因而得名"梅花鹿"。

雌性梅花鹿 》

《 雄性梅花鹿

梅花鹿妈妈与宝宝 》

　　梅花鹿的毛色随季节而改变。在夏季，它们的体毛呈栗红色，腹部为白色；在冬季，它们的毛色加深，身上的白斑会变得不明显。雄性梅花鹿头上有角，分4个叉，每年4月中旬会换角。在中国古代，梅花鹿是吉祥如意的象征，出现在很多古代遗留的壁画、雕塑中。

由于人们的过度捕杀以及对其领地的侵占，梅花鹿的数量逐渐减少，已经被列入濒危动物之列。

冬季梅花鹿 》

# 驯鹿 / *Rangifer tarandus*
■ 哺乳纲　■ 偶蹄目　■ 鹿科

　　驯鹿又叫角鹿。它们的角像鹿，头像马，蹄子像牛，身形又像驴，因此也被称作"四不像"。它们四肢有力，奔跑速度极快，可达每小时48公里。不仅成年驯鹿奔跑速度飞快，其幼崽的奔跑速度也非常快，刚出生两三天的幼崽就能奔跑玩耍，只需一周它们就可以达到父母的奔跑速度。在大家熟知的圣诞老人身边那个拉雪橇的动物便是驯鹿。

≪ 驯鹿的头像马

与别的种类不同，驯鹿无论是雄性还是雌性都长有鹿角，它们的鹿角有时超过30个叉。它们每年更换一次鹿角，旧鹿角刚脱落，新鹿角就开始生长了。

每年春天来临的时候，它们便会成群地向北迁徙，路程有数百公里之远。它们一边行进一边褪去厚重的"冬装"，换上新的清凉的"夏衣"。

争斗的驯鹿 ⋙

《 分叉的鹿角

大森林

# 马鹿 / *Cervus elaphus*
■ 哺乳纲　■ 偶蹄目　■ 鹿科

　　到底是马还是鹿呢？其实马鹿是体形仅次于驼鹿的一种大型鹿类。因为它们的体形和马相似，所以名字中有"马"一字。它们的身体呈深褐色，背部和身侧有一些白色斑点。夏天天气炎热，它们身上的绒毛褪去，身体呈赤褐色，所以，它们还有另一个称呼——赤鹿。

≪ 身体呈赤褐色

雄性幼鹿 ≫

≫ 雌性马鹿

　　雄鹿的头上长有鹿角，而雌鹿没有，雌鹿的体形也比雄鹿小一些。国外的研究发现，大多数寿命长的雌性马鹿的大脑比较大，并且生育出来的幼崽存活率更高。雄鹿头上的角一般分6或8个叉，角的大小与其体重大小有关——体重大的雄鹿的鹿角也大。在战斗的时候，鹿角是它们的战斗利器，而在生活中，漂亮的鹿角可以帮助它们追求心仪的"伴侣"。

大森林

# 西伯利亚狍 / *Capreolus pygargus*
■哺乳纲 ■偶蹄目 ■鹿科

　　西伯利亚狍又称狍子，它们的体毛大多呈棕黄色，有大大的眼睛，细长的脖子。与马鹿一样，雄性狍子头上长角，雌性无角，不同的是，雄性的角一般分2或3个叉，看起来就像两根直立的树枝。

雌性西伯利亚狍 》

《 寻找猎物

　　不仅如此，雄性狍子的角每逢冬天便会自行脱落，最晚3月份的时候就会开始长出新角。狍子的尾巴很短，尾根下面长有白毛。在受惊的时候，它们会瞬间把尾巴翘起，露出白色的大屁股。

狍子在中国东北可是出了名的"神兽"！如果在野外遇到它，叫它一声，它不仅不跑，还会抬头看看是怎么回事；你追它追累了停下来休息的时候，它也会停下来等你。因此，人们都亲切地称它"傻狍子"。正是因为这"傻"劲，它们的数量也越来越少了。这么可爱呆萌的狍子我们一定要好好保护它们！

臀和尾下呈白色 ≪

鹿角一般分 2~3 个叉 ≪

# 森林昆虫

**鞘翅目**

扫码立领
音频｜电子书｜卡片｜笔记

　　昆虫是无脊椎动物中的节肢动物。生活在森林中的昆虫数不胜数，它们有的是传粉的"打工人"，有的是植物的"破坏王"……这些小家伙们所在的"昆虫国度"在不知不觉中逐渐发展壮大起来，成了森林中乃至世界上种类最多的一类动物。

# 黄斑星天牛 / *Anoplophora nobilis*

■昆虫纲　■鞘翅目　■天牛科

　　黄斑星天牛是天牛科的一种蛀干害虫。它们通体黑色，身上有许多大小不一的黄色斑点，因此得名"黄斑星天牛"。与兽类不同，许多昆虫的雌虫比雄虫体形大，它们也不例外。它们有着天牛科标志性的长长的触角，雄虫的触角超过虫体长度5节以上，雌虫的触角超出虫体长度3～4节，可见其触角之长。

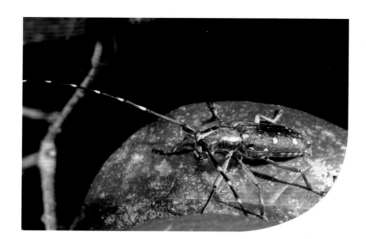

《 通体黑色带有黄斑

∨ 比虫体还长的触角

它们的蛹为淡黄色，可以通过蛹清晰地看到成虫的身体形态。夏初时，在很多树上都可以看到它们的身影。它们会啃食树木的树皮和枝条，幼虫则会钻到树皮内部啃食树心。有时我们在部分树干上能看到一上一下两个虫洞，那便是黄斑星天牛的"作案现场"。

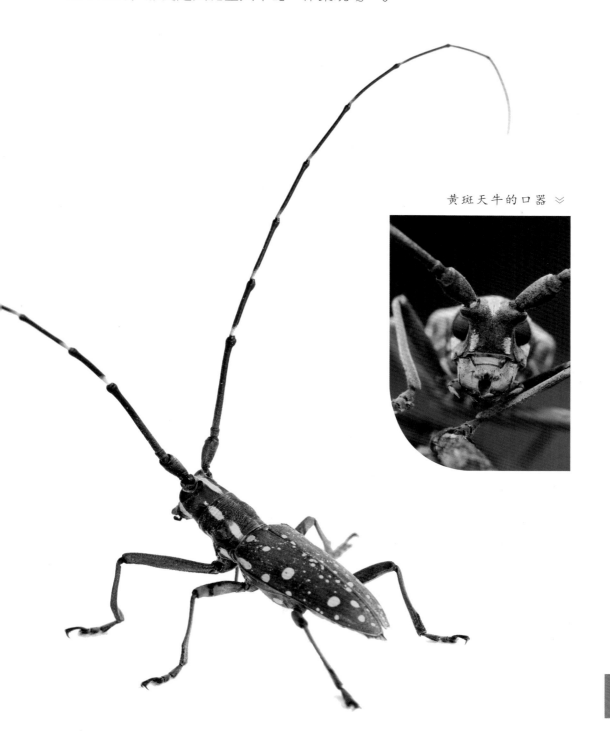

黄斑天牛的口器 ≫

# 森林啮齿动物

　　啮齿动物包括啮齿目和兔形目中的所有种类，它们是哺乳动物中种类最多的一个家族，也是世界上分布范围最广的一类哺乳动物。它们大多体形较小，数量庞大且具有非常快的繁殖速度。各种各样的环境中都会有它们的存在，茂密的大森林是它们的天然"庇护所"，它们在各种洞穴中悄悄观察着这奇妙的"绿色花园"。

鼠扫码立领

◉ 本书讲解音频
◉ 配套电子书
◉ 自然卡片
◉ 科普笔记

**松鼠科**

　　松鼠科是啮齿目的一科，主要包括三大类动物，分别为会飞翔的飞鼠、栖息在树上的鼯鼠和生活在地上的松鼠。它们体形大多为中等，也有少数的大型种类。松鼠科按栖息环境分主要有树栖型、半树栖半地栖型、地栖型三种，它们的身体结构因栖息环境的不同而不同。

大森林

**68**

# 花鼠 / *Tamias sibiricus*

■ 哺乳纲　■ 啮齿目　■ 松鼠科

　　生活中我们经常可以看到有人养着一种背部有竖纹的棕色松鼠，其实它们的名字叫"花鼠"，是松鼠科的一种。花鼠的耳朵上没有簇毛，与松鼠相比体形较小，背部有除条纹松鼠外其他松鼠没有的明暗相间的竖条纹，因此，它们也被称作"五道眉"。

花鼠的毛色大体为亮栗色，松鼠则是深灰色。不仅如此，它们的尾巴也不像松鼠的尾巴那样蓬松。它们喜欢在地下掘洞筑巢，冬天会在洞里美美地睡整个冬天。

≪ 松鼠

≫ 花鼠背部有明暗相间的竖条纹

≪ 花鼠用嘴搬运食物

花鼠还有自己的"小金库"，它们会把找到的食物藏在嘴里，再运到"小金库"中。但是由于它们总是忘记自己"小金库"的位置，因此总是做无用功，反倒是起到了一定的播种作用，成了种子的"搬运工"。

# 小飞鼠 / *Pteromys volans*

■哺乳纲　■啮齿目　■松鼠科

　　说到小飞鼠，大家就会想到现在风靡全网的一种小宠物：当你叫它的时候，它便会一下滑翔在你的手中。其实，这种动物并不是我们要认识的小飞鼠。这种网红小宠物的名字叫蜜袋鼯，它是国外的一种有袋动物。

小飞鼠是松鼠科中的一种非常可爱的小动物，当它们想要在树枝间滑翔的时候便会伸展四肢，它们的飞膜便会像滑翔爱好者穿的滑翔衣一样展开。小飞鼠冬季和夏季的毛色不同，冬季的被毛呈淡黄色或黄灰色，夏季的被毛呈褐灰色。

蜜袋鼯 》

《 小飞鼠伸展四肢滑翔

《 小飞鼠寻找食物

《 小飞鼠在树洞中

# 岩松鼠 / *Sciurotamias davidianus*
■ 哺乳纲　■ 啮齿目　■ 松鼠科

　　你知道它们为什么叫"岩松鼠"吗？因为它们总是把家建在岩缝之中。岩松鼠又称"扫毛子""石老鼠"。岩松鼠全身呈黑灰色，毛尖呈黄白色。它们的体长约210毫米，但它们的尾巴却很长，超过了体长的一半。

⌄ 在岩石上栖息

⌄ 进食

≪ 家建在岩缝中

　　岩松鼠可是当之无愧的"中国货"，只分布在中国地区。它们是昼行性的小动物，即只在白天出来活动觅食。带油性的干果是它们的最爱。它们和花鼠一样有贮存食物的习惯，它们会将干果存在树洞等地。

岩松鼠的胆量比其他松鼠大，它们经常会进入山林中人类的居住区偷取食物，即便被惊扰逃窜，它们也会在奔跑一会儿后回头瞧你，甚至有时当它们看到你的时候，不但不会立即逃跑，还会用各种撒娇卖萌的方式向你讨要"干粮"。

∨ 寻找食物

白天出来活动 ≪

≪ 全身呈黑灰色

大森林

▲ 内蒙古草原地貌

■ 草原穴居动物

■ 草原鸟类

# 大草原

　　"美丽的草原我的家，风吹绿草遍地花"……伴随着悠扬的蒙古族歌曲，我们走进内蒙古大草原。内蒙古大草原已经成为内蒙古的"门面担当"。著名的呼伦贝尔大草原被称为世界上最好的草原，还有"中国最美大草原""北国碧玉"的美称。

　　内蒙古草原是我国最大的草场和天然牧场，约占全国草场面积的27％。在这片绿色的土地上，不光有蒙古族等少数民族文化的印记，还有许多小动物定居在这里。它们"沐浴"在草原之中，呈现出"天苍苍，野茫茫，风吹草低见牛羊"的壮美画面。它们作为草原的"小精灵"，守护着这片被绿色"毛毯"所覆盖的广阔大地。

■ 草原有蹄兽类

■ 草原昆虫

# 内蒙古大草原

## 呼伦贝尔草原

呼伦贝尔草原位于内蒙古东北部，地域辽阔，水草丰美，是迄今保存较完好的天然草原，总面积约10万平方千米。呼伦贝尔草原主体为典型草原，东部分布有内蒙古面积最大的草甸草原。草原区内部河、湖广布，广泛发育草甸、沼泽等非地带性植被，共同构成了绚丽多彩的草原景观。呼伦贝尔草原是世界著名的天然牧场，是世界四大草原之一，是全国旅游二十胜景之一。

## 科尔沁草原

科尔沁草原位于内蒙古东部，总面积约4.23万平方千米，典型地段以贝加尔针茅、羊草草甸为主。在西辽河下游冲积平原上形成了大面积的沙地，即著名的科尔沁沙地。

### 锡林郭勒草原

锡林郭勒草原是中国四大草原之一，位于内蒙古中东部，总面积约17.96万平方千米，地形以波状高平原为主体，主要类型为大针茅草原、克氏针茅草原和羊草草原。其南部为浑善达克沙地。

### 乌兰察布草原

乌兰察布草原位于内蒙古中西部，地形复杂，以高原为主体，间有丘陵和山地草原。高平原主要分布短花针茅和小针茅荒漠草原，丘陵与山地广泛发育典型草原和草甸草原。

### 鄂尔多斯草原

鄂尔多斯草原旅游区为国家AAAA级旅游景区。鄂尔多斯草原位于内蒙古西南部，主要包括典型草原和荒漠草原。

# 草原穴居动物

穴居动物生活在洞穴之中，它们大多具备十分出色的挖洞能力，它们的"小屋"不光分布在陆地上，有的还会建在水中。穴居动物的存在有利于有机物质的再循环，它们悄悄地为地球做着"贡献"，使我们的土地变得更加肥沃。

凰扫 码 立 领
- 本书讲解音频
- 配套电子书
- 自然卡片
- 科普笔记

常年穴居

常年穴居动物是真正意义上的穴居动物，它们终生生活在洞穴之中，它们中很多成员甚至都没有见过太阳。常年穴居动物的视力不怎么好，有的种类甚至没有眼睛，它们只能依靠敏锐的嗅觉和触觉来寻找和捕食猎物。

临时穴居

临时穴居动物就像是"酒店"的"顾客"，它们走走停停，在洞穴中稍作休息后，便会继续踏上漫长的旅途。临时穴居动物的洞穴往往是天然形成的山洞、树洞等，它们有的甚至还会强行"霸占"其他穴居动物筑好的洞穴，窃取其"劳动成果"。

# 狗獾 / *Meles meles*
■ 哺乳纲　■ 食肉目　■ 鼬科

　　狗獾，俗称"獾子"，又叫"獾芝""猹"，是食肉目、鼬科动物。你或许对"狗獾"这个名字比较陌生，但是"猹"你一定听说过，我国著名文学家、思想家、中国现代文学的奠基人之一鲁迅先生的作品《故乡》中就有猹的身影。

《 面部黑白条纹相间

体毛大部分为灰色 ≫

≪ 在洞穴中居住

獾子的毛色大部为灰色，下腹部为黑色，面部有黑白相间的条纹。它们的食性特别杂，主要吃蚯蚓，也偶尔将一些其他的昆虫、小型哺乳动物、部分植物等当作美餐。獾子一家喜欢在洞里居住，它们的前爪比后爪长，且极其有力，因此挖洞能力极强。獾子还是极其讲卫生的小动物，它们的洞穴特别干净，即便是大小便它们也会另外刨一个洞，不让自己的爱巢染上脏东西。

进食 ≪

≪ 觅食

# 黄鼬 / *Mustela sibirica*
■ 哺乳纲　■ 食肉目　■ 鼬科

　　黄鼬其实就是我们经常说的"黄鼠狼"，它们的屁股上长有一对臭腺，当受到惊吓、感到有危险的时候，它们就会放出恶臭味的气体麻痹敌人，趁机逃跑。

棕红色的圆脸 〈

有一句歇后语："黄鼠狼给鸡拜年——没安好心。"黄鼠狼以捕食田鼠为主，是许多鼠类的天敌，偶尔会去偷鸡、偷蛋。说到捕鼠，它们可是"专家"！当它们发现了鼠类的身影，就会立刻冲上前去穷追不舍。即便看不到猎物的身影，黄鼬通过鼠类活动的踪迹也可以找到它们的洞穴，钻进去一通猎杀，可以杀完整窝老鼠。

《 捕鼠"专家"

呆萌的黄鼬 》

《 寻找食物

# 石貂 / *Martes foina*
■ 哺乳纲　■ 食肉目　■ 鼬科

　　石貂是国家二级重点保护野生动物，它们的食性很广，以捕食鸟类和小型兽类为主。它们全身除了喉部有大片白斑外，大部为棕褐色。石貂的尾巴非常蓬松，长度可达身体的一半还多。

≪ 雪地中的石貂

在洞穴中居住 ≫

≪ 捕食

　　冬天，它们穿行在雪地上，长长的尾巴扫过地面，因此它们也被称作"扫雪"。它们喜欢夜晚和异性同类出来活动，途中如果有什么风吹草动，便会匍匐在地上，静静地观察周围的环境；如果它们不小心走散了，还会回到原处寻找彼此。石貂特别喜欢喝水，它们的洞穴总是离水源很近，即便距离很远，它们也会千里迢迢去那里喝水。冬季的时候，水结冰了，它们便会通过舔舐冰块来解渴。

# 旱獭 / *Marmota bobak*

■哺乳纲　■啮齿目　■松鼠科

　　旱獭，又是一位网红小动物。你不可能没有见过它们，它们其实就是我们所说的"土拨鼠"。旱獭是一种大型啮齿动物，它们的体毛又短又粗，大部呈黄褐色。旱獭之所以叫这个名字是因为它们的抗旱能力极强，它们通过啃食植物来汲取生命所需的水分。

啃食植物补充水分 》

≫ 进食

　　与大多数啮齿动物不同，旱獭喜欢白天外出活动，夜晚睡觉休息。它们的挖掘能力极强，常年居住在洞穴之中。你看那草原上一个个小土丘，就是它的洞穴所在。为什么会有土丘呢？这土丘其实就是它们挖洞时刨出的土堆积形成的，即旱獭丘。

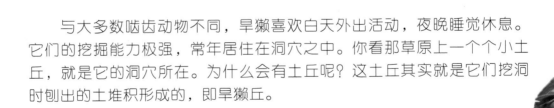

旱獭在每次出行前要先在土丘上观察四周环境是否安全，安全时会继续出行，如果有敌情它们便会高声警示同类。

# 五趾跳鼠 / *Allactaga sibirica*
■ 哺乳纲　■ 啮齿目　■ 跳鼠科

　　五趾跳鼠的耳朵很大，背部体毛为灰色，腹部体毛为纯白色。五趾跳鼠极其聪明，它们居住的洞穴就留有许多备用洞口，以备不时之需。不仅如此，它们总是会在自己的洞穴周围1～2千米范围内活动。

《 夜间出行

《 在洞穴周围活动

在出行途中，它们还会挖掘许多临时的洞穴，以便自己在遇到危险时可以有地方躲藏和过夜。五趾跳鼠奔跑的时候会用两条后腿发力跳跃着前进，尾巴用来保持平衡。别看它们是跳跃式前行，速度却非常快，行动十分敏捷。

≪ 跳跃式前行

≪ 耳朵很大

# 狼 / *Canis lupus*

■ 哺乳纲　■ 食肉目　■ 犬科

　　狼的体形比狗大，是食肉目、犬科的一种动物，为国家二级重点保护野生动物。很多人说它们和哈士奇很像，当你看它们的眼神时就会发现二者的气质截然不同。

《 喜欢集体活动

狼嚎 》

　　狼主要在夜间捕食，行走的时候，它们的尾巴会自然垂下，看起来凶神恶煞的。狼以群居为主，一群狼的数量一般为7匹左右。它们喜欢集体行动，主要捕食一些中型、大型的哺乳动物。

《 捕食猎物

狼群内部有着极其森严的等级制度，它们捕食到的猎物会让狼王先享用。狼王的选拔简单粗暴：谁强谁就是狼王。因此，狼王不一定就是雄性，身体强壮的雌性也可以当头领。年幼的小狼从小就会和兄弟姐妹用打架的方式玩耍，为成为以后的狼王而努力。狼的领地性也极强，如果有"外来人"进入，一场血战便会因此爆发。蒙古族人崇拜狼，它们认为狼极其勇猛并具有智慧，以狼为本民族图腾。

# 赤狐 / *Vulpes vulpes*
■ 哺乳纲　■ 食肉目　■ 犬科

　　赤狐是食肉目犬科的一种动物。它们背面毛为棕红色，腹部和尾尖均为白色，耳背面黑色，四肢外侧有延伸至足面的黑色条纹。赤狐这个样子是不是似曾相识呢？没错，它就是《疯狂动物城》中的男主角"尼克"的原型。

≪ 生活在洞穴中

寻找猎物 ≫

≪ 正面

　　赤狐是非常常见的一种狐狸，它们生性狡猾，猎人捕捉到它们的时候，它们竟然还会装死，趁猎人放松警惕的时候逃跑。

赤狐的身上带有一股难闻的味道，这味道是从它们尾巴的尾腺中散发出来的，就是我们所说的"狐臊"。这种味道可以在它们遭受敌人的攻击或追逐时，使敌人无法忍受而放弃追逐。赤狐经常生活在一些土穴、树洞或者动物废弃的洞穴之中，有时还会抢獾子的洞，甚至还会与獾子住在一起。

# 草原鸟类

在草原这一广阔的天地之中，鸟类资源十分丰富，百灵鸟等"声乐家"在这里高歌。生活在草原中的各种各样的啮齿动物还引来了许多如红隼、大鵟等"猎食者"，它们觊觎着草原中孕育的小生命，每时每刻都想将它们变成自己的"盘中餐"。

鹰是一种食肉性的鸟类，它们经常出现在峡谷之中。鹰的性情凶猛，具有非常敏锐的视力，可以看到数千米甚至更远的地方。

**鹰类**

雀形目的种类丰富且分布广泛，在各种生态环境中都可以听到它们悦耳的鸣叫声。雀形目所包含的种类占据鸟类全部种类的一半以上，是鸟纲中最大的一目。

**雀类**

鹤类主要生活在沼泽、浅滩、芦苇等湿地。中国是鹤类最多的一个国家。鹤类的睡眠方式非常独特，它们往往会单腿直立，并将头部放在背上，有时它们尖尖的喙还会插入羽毛中。

**鹤类**

# 白腹鹞 / *Circus spilonotus*

■鸟纲 ■隼形目 ■鹰科

　　白腹鹞是国家二级重点保护野生动物。它们是一种体长50~60厘米的中型猛禽。它们喜欢生活在开阔的地方，多草的沼泽地带或芦苇丛生的地方是它们的最爱。

具有钩状喙 》

《 在树枝上栖息

　　白腹鹞的虹膜为橙黄色，脚呈淡黄绿色，喙为黑褐色，喙的基部为淡黄色。雄鸟头顶背部的羽毛为白色，具有纵向的黑褐色纹路；雌鸟的上体为褐色，羽毛的边缘呈棕红色。

白腹鹞喜欢白天在外活动，它们总是会在沼泽或芦苇的上空飞行。如果你看到不远处的天空中有一个不怎么爱扇翅膀、在低空长时间呈"∨"字滑翔的鸟儿，那多半就是它了。与其他猛禽不同，白腹鹞不喜欢在高处停留栖息，而是喜欢在地上或是低矮的土堆上停留。它们的巢通常建在地上的芦苇丛中。遇到心仪的对象，它们就会在天空中翱翔跳舞，吸引对方的注意。

"∨"字滑翔 ≫

　　白腹鹞的繁殖期在4~6月。4月中旬到4月末它们便开始筑巢了。它们盘状的巢由芦苇构成，通常会筑在地上的芦苇丛中，有时也会筑在灌木丛中。白腹鹞的卵需要孵化33~38天，小雏鸟需要被"妈妈"照料35~40天才能离巢。

# 大鵟 / *Buteo hemilasius*
■ 鸟纲　■ 隼形目　■ 鹰科

大鵟是一种大型猛禽。体色分暗型和淡型两种。大鵟在飞翔时翅膀展开，翅膀下面有白色的斑点，极具辨识度。它们不光可以在草原、荒漠上空飞翔，还能把翅膀伸向4000米以上的高原和山脉。

它们的飞行方式多种多样，一会儿上下飞行，一会儿左右摇摆，还有时一边打闹一边飞行。可真会玩！玩累了它们便会在高高的岩石或树枝上休息，一边休息一边寻找地上的"美味"。

当发现目标，它们就会突然俯冲下去。遇到顽强的猎物它们就会不停地将其抓到天空中，再把它从天上扔下去，反反复复，直到猎物放弃挣扎。

《 在岩石上休息

准备起飞 ≫

捕食猎物 ≫

# 草原雕 / *Aquila nipalensis*

■鸟纲　■隼形目　■鹰科

　　草原雕是鹰科的一种大型猛禽，雌性要比雄性略大一些。由于年龄、环境、个体等差异，它们有多种体色，以褐色为主，深浅明暗有所不同。

《褐色的羽毛

尖利的钩状喙 《

《 两个翅膀保持平直

　　它们的翅膀展开可达2米，比我们大多数人的身高都要大。它们与白腹鹞不同，飞行时并不是呈"V"字，而是两个翅膀保持平直并稍微向上扬起。

草原雕在白天活动。当它们不在天空翱翔的时候，经常会待在电线杆上、孤立的树顶端或地面上。它们除了飞行时寻找猎物，有时还会一直等在旱獭等啮齿动物的洞口处，等这些小家伙一出现便会成为它们的盘中餐。

《 在电线杆上休息

寻找猎物 《

# 蒙古百灵 / *Melanocorypha mongolica*

■鸟纲 ■雀形目 ■百灵科

蒙古百灵是一种小型鸣禽，是国家二级重点保护野生动物。它们体长约18厘米，雄鸟身体呈明亮的黄褐色，雌鸟体色较淡一些。它们的眼睛上方有一道明显的白色条纹。

雌鸟》

《雏鸟

蒙古百灵主要以地上的草籽、种子以及昆虫为食。它们的脚部特别强健，经常在地面上行走，睡觉时也会栖息在干燥的草地或农田中。遇到危险时它们会凭借与所处环境颜色相似的羽毛一动不动地隐蔽在草地之中。

蒙古百灵虽然喜欢在地面上活动，但这并不代表它们的飞行能力不强。它们在高空中一边飞翔，一边还会发出洪亮悦耳的"歌声"。它们的声音特别清脆，能发出类似颤音的声音，它们也因为好听的"歌声"被大家所熟知和喜爱。除繁殖期外，蒙古百灵通常成群活动。它们具有迁徙的习性。在迁徙期间，往往会有成百上千只蒙古百灵汇集在一起。

雄鸟 》

∨ 在地面上活动

# 大鸨 / *Otis tarda*

■ 鸟纲　■ 鹤形目　■ 鸨科

　　大鸨是匈牙利的国鸟，也是世界上最大的飞行鸟类之一。大鸨体色为淡棕色，身上有许许多多的黑色细斑纹。大鸨喜欢吃野草，也会吃一些甲虫等昆虫。

雌鸟 》

《 飞翔

　　雄鸟的下巴两侧有类似老人胡须的须状羽，因此被称作"羊须鸨"。而雌鸟并没有这样的特征，因此被称作"石鸨"。不仅在这一特征雌雄鸟上有很大差别，在体形上，雌鸟也只有雄鸟一半大小。

雄性大鸨有时会捕食一种毒甲虫，一般情况下，这种毒甲虫的毒素仅一点剂量便会杀死很多动物，但雄性大鸨不仅不会被毒死，还因经常食用产生了抗性，能利用这种毒素杀死体内的寄生虫。

隐藏在草丛中 》

# 草原有蹄兽类

草原环境优越，生长着茂盛的新鲜嫩草，这就是草原有蹄兽类的"天堂"。为了能够长久地生活在这"天堂"之中，它们中很多种类都长出了可以防身的角。

扫 码 立 领
- 本书讲解音频
- 配套电子书
- 自然卡片
- 科普笔记

**偶蹄目**

偶蹄目是哺乳动物中最为繁盛的大家族之一，可被分为四个亚目：骆驼和羊驼等动物所在的胼足亚目，猪等动物所在的猪形亚目，牛和羊等动物所在的反刍亚目，以及鲸鱼、海豚、河马等动物所在的鲸河马亚目。

**奇蹄目**

奇蹄目的脚趾大多为单数，现存的奇蹄目只有三科，分别为马科、貘科和犀科。其中，马科是现存奇蹄目中数量、种类最多，分布范围最广的一科，最为著名的就是普氏野马，它是国家一级重点保护野生动物。

# 北山羊 / *Capra sibirica*

■哺乳纲　■偶蹄目　■牛科

　　北山羊也叫野山羊，是国家二级重点保护野生动物。北山羊雌性和雄性都长有两根像弯刀一样的角，但往往雄性的角比雌性的更加发达，角的最长纪录为147.3厘米。

换毛期的北山羊 》

《 角上有数个高低
起伏的嵴

　　它们的角前部比较宽，后部相对比较窄。角上还有数个高低起伏的嵴。北山羊是栖息位置最高的哺乳动物之一，它们栖息在海拔3500～6000米高原裸露的山岩上，冬天也不会迁移到海拔低的地方。

北山羊居住地有很多裸露的岩壁和碎石，它们特别擅长攀登、跳跃。它们的四肢短小，看起来就很健壮。它们有极其坚硬的蹄子以及可以给它提供稳稳抓地力的脚趾，这使它们成了山中的"登山能手"。

居住地有很多裸露》
的岩壁和碎石

登山小能手》

# 蒙古原羚 / *Procapra gutturosa*

■ 哺乳纲　■ 偶蹄目　■ 牛科

　　蒙古原羚又叫"黄羊""蒙古瞪羚"。它们栖息在半干旱草原或半荒漠地区。夏天，它们的毛比较短，呈棕红色，腹部以及四肢内侧为白色；冬季，它们的毛又密又厚，但颜色比较浅。

∨ 蒙古原羚的家庭生活

雄性蒙古原羚 ∨

∨ 雄性蒙古原羚的角

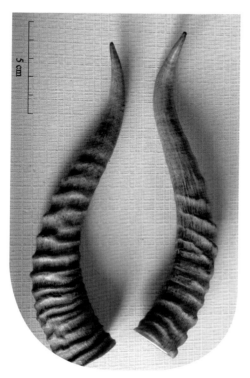

5 cm

　　雄性蒙古原羚的额头上有两根短而直的角，角的形状像竖琴，表面还有明显的环形横棱，角尖彼此相对；雌性蒙古原羚的额头上并没有角，只有微微隆起的"包"。蒙古原羚有又细又长的腿，前腿比后腿短，蹄子又窄又尖，这使它们具有高超的跳跃能力，跳跃高度可达2.5米。在平地上它们只需一个纵跳就可以达到6～7米远，下坡时它们甚至可以跳到13米远的距离。

蒙古原羚喜欢集群生活。在冬季寒冷的日子里，它们会用蹄子将地上的积雪刨开，然后挤在一起围成一圈"抱团"取暖。它们还会在春季和秋季进行大规模的迁徙活动。

# 盘羊 / *Ovis ammon*

■哺乳纲　■偶蹄目　■牛科

　　盘羊是一种非常典型的山地动物，分布在海拔1500~5500米的较为开阔的高山裸岩处以及山间丘陵中。盘羊之所以叫这个名字，就是因为它们头上长有螺旋状扭曲的角，不论是攻击敌人或是追求伴侣，它们的角都是生命活动中不可缺少的部分。

≫ 盘羊群

≫ 雌性盘羊

≫ 雌雄盘羊角对比

雄性盘羊 ≫

　　雄性盘羊的角的长度可以达到1米以上。相比之下，雌性盘羊的角比雄性的更短、更细，弯度也更小一些。盘羊的角会随着其年龄的增长而增长。许多盘羊的角不是向外卷曲，而是向内卷曲，这样的角常常会伤到它们自己，甚至可能因此死亡。这漂亮的角可真是一把"双刃剑"啊！

盘羊的腿虽然比较长，但是它们的爬山技术却不怎么好，因此，在遇到危险的时候，它们往往不会向陡峭的山上跳窜。在日常的觅食或休息中，它们往往会有一只成年的羊站在高处"站岗"，密切关注周围的环境，以便在危险来临之前向群体发出信号。

≪ 盘羊在山地活动

角向内卷曲 ≪

# 蒙古野驴 / *Equus hemionus*
■ 哺乳纲　■ 奇蹄目　■ 马科

　　蒙古野驴是一种大型有蹄类动物，为国家一级重点保护野生动物。蒙古野驴是一种典型的荒漠动物，大多栖息在海拔3000～5000米的高原亚寒带地区。蒙古野驴比我们平时见到的家养驴大，比家养马要小，外形看起来像骡子，耳朵又长又尖。

背部中央有 》
一条延伸到
尾部的棕褐
色的线条

《 全身大部为较浅的
黄棕色

　　蒙古野驴的体长可达260厘米，全身大部为较浅的黄棕色，背部中央有一条延伸到尾部的棕褐色线条。它们喜欢群居，经常一起活动，总是沿着同一条路走来走去，因此，它们走过的地方会留下一条明显的小道。

蒙古野驴也是一个"好奇宝宝"，但是"好奇害死驴"，它们经常会跟着猎人，在猎人附近张望，更有甚者会跑到猎人的帐篷附近徘徊，因此遭到大量捕杀，导致数目越来越少。你知道吗，在银装素裹的冬季，它们会依靠积雪来解渴。

# 草原昆虫

扫码立领
音频 | 电子书 | 卡片 | 笔记

　　草原上的牧草资源丰富，生活在草原之上的昆虫众多，在这里生活的昆虫数量或许仅次于在森林中的昆虫数量。

　　鳞翅目是昆虫纲中数量仅次于鞘翅目的一个大目。鳞翅目就是我们俗称的蝶和蛾，"毛毛虫"就是它们的幼虫。鳞翅目的分布非常广泛，它们具有虹吸式口器，经常会钻蛀植物的叶片或枝干。

**鳞翅目**

　　鞘翅目昆虫的前翅角质化成了坚硬且无翅脉的鞘翅。它们的口器为咀嚼式口器。成虫或幼虫的食性非常复杂，有腐食性、粪食性、植食性、捕食性等。

**鞘翅目**

　　直翅目昆虫的体形较大且壮实。它们的口器为咀嚼式口器，大多数的触角为丝状，也有部分种类的触角呈剑状或锤状。它们后足发达，具有高超的跳跃能力。

**直翅目**

大草原

118

# 报喜斑粉蝶 / *Delias pasithoe*

■昆虫纲 ■鳞翅目 ■粉蝶科

　　这个翅膀正反面为两种花色的蝴蝶就是报喜斑粉蝶。它们的翅膀既美丽又特别，因为翅膀靠近基部的位置有一片红色区域，因此也称作"红肩粉蝶"。它们喜欢聚集在一起吃树叶，经常会把树枝吃成光秃秃的，严重的时候整棵大树都无法幸免于难。

《 准备吃树叶

刚出生的蝶卵是淡黄色的，像一个小圆筒一样直立在那里，经过几天就会变成深黄色。通常，它们会在早晨或者上午破茧成蝶，羽化为成虫。刚刚羽化完成的成虫会站在蛹的外壳上，等到可以展翅了，它们便会飞翔，用翅膀去感受全新的世界。

≫ 破茧成蝶，羽化为成虫

翅膀靠近基部有红色区 ≫
域，又叫"红肩粉蝶"

吸食花蜜 ≫

# 枯叶蛱蝶 / *Kallima inachus*
■ 昆虫纲　■ 鳞翅目　■ 蛱蝶科

　　你能找到它们在哪里吗？枯叶蛱蝶是一种大型蝴蝶，它们的翅膀酷似枯朽的叶片，因此得名"枯叶蛱蝶"。枯叶蛱蝶是典型的食腐蝶类，它们喜欢吃腐烂的水果、动物粪便以及树木伤口流出的汁液。

《 你能在图中找到枯
　叶蛱蝶吗？

因为枯叶蛱蝶有着得天独厚的外表，在受到鸟类天敌的追捕时，它们会先用一种杂乱无章的方式飞行，再迅速飞到植物叶子中藏匿起来，然后马上并拢翅膀，一动不动。这个时候，鸟类便无法再找到它们的身影。

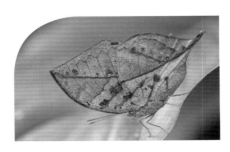

《 喜欢吃腐烂的水果、动物粪便以及树木伤口流出的汁液

藏匿在植物叶子上 《

枯叶蛱蝶与蝶类家族的其他成员一样，一生会经历卵、幼虫、蛹、成虫这四个阶段，是一种完全变态的动物。

《 准备起飞

# 锹甲 / *Lucanidae*
■ 昆虫纲　■ 鞘翅目　■ 锹甲科

　　锹甲的分布比较集中，全世界将近三分之二的锹甲种类都分布在亚洲，而亚洲四分之一的锹甲都生活在中国。锹甲的体形各异，中型至特大型都有，体长7～129毫米，大型种类较多。

《 锹甲的角似鹿角

黑色锹甲 》

　　锹甲的颜色非常丰富，大多呈棕褐色、黑褐色至黑色，有的种类身上长有棕红色或黄褐色的斑点，还有的种类像是穿了一身"机器战甲"，具有金属光泽。许多昆虫爱好者会将锹甲当宠物饲养。

锹甲的角形状似鹿角，长度和它们的体长差不多。它们的角不仅长度很长，上面还长着许多我们看不清的齿，如果你的手被它夹住，就会被夹出血来，还有少数更厉害的锹甲甚至会把手指夹断。

当雄性锹甲遇到"心仪的姑娘"时，便会用类似"比武招亲"的方式，通过战斗来追求它。在这个时候，"姑娘"会站在树冠处等待它的"骑士"。雄性锹甲会从树下一步一步向上爬，这一路上它会遇到许多竞争者，它会用巨大的夹子夹住对方的身体，像我们"掰手腕"一样比拼力气，失败者会被直接从树上丢下，胜利者只有打败所有"情敌"才可以见到"心仪的姑娘"。

≫ 棕褐色锹甲

# 棉蝗 / *Chondracris rosea*
■昆虫纲 ■直翅目 ■蝗科

　　你抓过蚂蚱吗？见过那种绿色的蚂蚱吗？它就是接下来的主角——棉蝗。棉蝗的产卵地较为广泛，沙壤土幼林地、有许多鲜嫩的幼苗生长且阳光充足的疏林地等都是棉蝗繁衍后代的"天堂"。

《 喜欢吃小树的嫩芽

体色为绿色，也会夹 》
带一些黄色

　　棉蝗的卵的形状为有一点弯曲的长椭圆形。刚生出的卵是黄色的，经过几天的生长发育后会逐渐变成褐色，其表面有浅浅的网状纹路。棉蝗的体色为绿色，也会夹带一些黄色。雌虫比雄虫略大一点。

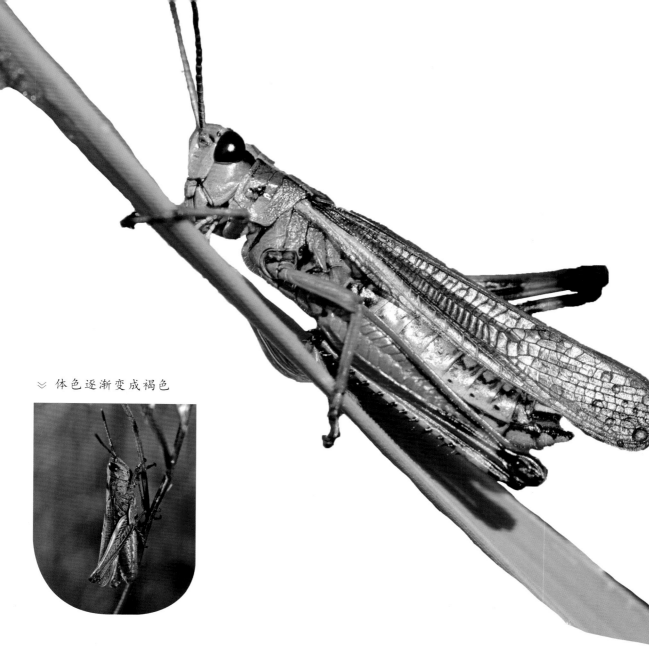

≫ 体色逐渐变成褐色

≫ 将植物吃成光秃秃的"木杆"

它们喜欢吃刚长出的小树的嫩芽。成虫的食量特别大，它们会让鲜嫩的叶片变得千疮百孔，严重时甚至会将植物吃成光秃秃的"木杆"，很多时候树还没长大便已经被它们啃食得无法存活了。

大草原

# 大水域

　　一条条河流、一片片湖泊，大自然在大地上绘出这万千世界，依赖河湖生存的生灵们也因此有了家。也正是因为生活在河湖中或周边的"居民"们，赋予了这些水域更多的生命力。在壮丽的内蒙古，有上千条长短不一的河流流淌在这片土地之上，祖国第二大河——黄河也由北向南穿越其中。内蒙古分布着呼伦湖、乌梁素海、达里诺尔湖、居延海、岱海以及黄旗海六个面积较大的水体。这些水体吸引了一种又一种鸟类的到来。它们有的长途跋涉到这里嬉戏，有的在这里诞生出它们的后代，水中的鱼儿更是在这里"安家落户"。

■ 水域涉禽

■ 水域游禽

▲ 内蒙古大水域

■ 水域特殊游禽

■ 水域中的鱼类

# 内蒙古五大湖泊

## 呼伦湖

呼伦湖又叫呼伦池、达赉湖、达赉诺尔，与贝尔湖互为姊妹湖。呼伦湖地处呼伦贝尔大草原腹地，有"草原明珠""草原之肾"之称。呼伦湖蒙古语意为"海一样的湖"，是内蒙古第一大湖、东北地区第一大湖、中国第五大湖、中国第四大淡水湖、亚洲中部干旱地区最大淡水湖。呼伦湖面积约2339平方千米，最大水深约8米。克鲁伦河和乌尔逊河为主要的入湖河流，达兰鄂罗木河·新开河为吞吐河流。

## 乌梁素海

乌梁素海有"塞外明珠""塞外都江堰"的美称。乌梁素海位于内蒙古巴彦淖尔市乌拉特前旗境内，面积约300平方千米，是地球上同纬度地区最大的湿地。2002年，乌梁素海被国际湿地公约组织正式列入国际重要湿地名录。乌梁素海是内蒙古重要的芦苇产地。

## 达里诺尔湖

　　达里诺尔湖又称达里湖，是内蒙古四大名湖之一，是内蒙古赤峰市最大的湖泊，还是内蒙古四大内陆湖之一。达里诺尔湖位于内蒙古赤峰市克什克腾旗境内，为半咸水湖，面积约238平方千米，最大水深约13米。达里诺尔湖被称为"百鸟乐园"，享有我国第三大天鹅湖的美誉。湖水的主要补给来源为浑善达克沙地渗水及周边河流补水等。

## 岱海

　　岱海是内蒙古第三大内陆湖，有"草原天池"的美誉。岱海位于内蒙古乌兰察布市凉城县境内，水域面积约70平方千米，最大水深约为18米，是典型的内陆咸水湖，是内蒙古有名的水产基地。

## 居延海

　　居延海是我国第二大内陆河黑河的尾闾湖。汉代时称"居延泽"，唐代时就被命名为居延海。居延海位于内蒙古阿拉善盟额济纳旗境内，是一个十分奇特的游移湖，它的位置有时偏东，有时偏西，湖面也时大时小。

# 水域涉禽

涉禽是一类生活在沼泽和水边的鸟类，它们喜欢栖息在浅水或岸边。它们最大的特点就是嘴巴长、脖子长、脚长。涉禽长长的腿使它们擅长涉水行走。休息的时候它们往往只用一只脚站立。

扫码立领
音频 ｜ 电子书 ｜ 卡片 ｜ 笔记

鹤类

鹤类主要生活在沼泽、浅滩、芦苇等湿地，中国是鹤类最多的一个国家。

鸻类

鸻类包括鸻形目的所有种类，鸻形目可分为三大类群，分别为鸻鹬类、鸥类和海雀类。这三大类群中鸻鹬类为涉禽类鸟类，鸥类是一种擅长游泳和飞行的海洋鸟类，海雀类则为一种适应潜水生活的鸟类。

鹳类

鹳类包含鹳形目的所有种类，它们是一种大型涉禽，喜欢单独栖息在广阔的原野或小丘之上。鹳的脖子又粗又长，喙也比较粗壮，看起来十分有力。

# 丹顶鹤 / *Grus japonensis*
■ 鸟纲　■ 鹤形目　■ 鹤科

　　丹顶鹤也就是我们常说的"仙鹤"，它们的脖子和脚又细又长，体色大多为白色，头顶处有一片朱红色的区域，喉咙、颈部、尾巴的飞羽和脚都是黑色的，特别容易辨认。中国古代的诗词文章中经常会有"松鹤延年"这四个字，在中国，丹顶鹤是长寿的象征，它们的寿命可达50～60年，超越了许多鸟类。

　　≫ 头顶有一片朱红色的区域

飞翔 ≪

≪ 优美的舞姿

　　丹顶鹤有着形状独特且长长的鸣管，因此它们的叫声十分洪亮。它们头顶的红色区域不是一成不变的，在它们感到轻松时红色区域较大，害怕时则较小；身体健康时较大，生病时较小；死亡后它们头上的朱红色会渐渐褪去。

丹顶鹤通过舞蹈的方式求偶，它们的舞蹈动作多种多样，并且很多动作都具有明确的目的，有的表示友好，有的表示欢快，有的表示高傲，还有的表示恐吓。看到它们的舞姿，我们不由得会感叹道："世界可真是奇妙啊！"

《 喉咙、颈部为黑色

幼崽 》

# 金鸻 / *Pluvialis fulva*
■ 鸟纲　■ 鸻形目　■ 鸻科

　　金鸻是一种中型涉禽，夏季身上的羽毛大部呈黑色，背上有金黄色斑纹。它们的翅膀又尖又长，有着非常强的飞行能力，因此，秋天的时候，即便它们要迁徙到非常远的地方过冬也是小菜一碟。

金鸻鸟在水中的倒影 》

∨ 两只金鸻鸟在岸上活动

　　金鸻非常善于快步疾走，但它们的胆子很小，单单只是看到你的身影便会迅速跑开，更不用说接近它们了。如果你接近它们，它们就会立刻飞向天空，一边飞一边叫，不知道是在吓唬你还是在责备你。

当金鸻产下小鸟蛋后，金鸻"爸爸"会和金鸻"妈妈"轮流孵蛋，"妈妈"一般白天孵蛋，熬夜的事当然交给"爸爸"做啦！金鸻"爸爸"真是鸟中的"楷模丈夫"！

金鸻鸟在浅水上奔跑　≪

大水域

136

# 黑翅长脚鹬 / *Himantopus himantopus*

■ 鸟纲　■ 鸻形目　■ 反嘴鹬科

　　黑翅长脚鹬的体色大多为白色，头顶到后颈处为黑色，翅膀为黑色，又细又长的腿则为红色。它们常常会把巢筑在临水的岸边或是四面环水的小坡上。

《 遇到威胁时快速起飞

腿很细　》

　　黑翅长脚鹬的飞行能力很强，当它们遇到威胁时会不断地点头示威，随后便快速起飞，扬长而去。它们的行走速度比较慢，别看它们的腿很细，但是每一步都走得非常稳健。

它们走起路来抬头挺胸、姿态优美，但并不是每时每刻都有如此姿态，当刮风或者奔跑时，它们便会显得有些笨拙，所有气质在此时轰然崩塌。

∨ 刮风时显得有些笨拙

寻找水中的猎物 ≪

# 东方白鹳 / *Ciconia boyciana*
■ 鸟纲　■ 鹳形目　■ 鹳科

　　东方白鹳是一种大型涉禽，是国家一级重点保护野生动物。它们全身大部为白色，翅膀又宽又大。东方白鹳有既粗壮又坚硬的黑色大嘴，嘴巴基部比较厚，并且稍有一些红色或浅紫色点缀在黑色之中，越往嘴巴尖部延伸，嘴巴就越细，且微微上翘。

≫ 翅膀又宽又大

既粗壮又坚硬的嘴 ≫

脖子可以缩成"S"形 ≫

　　东方白鹳的翅膀非常大。它们的行动速度非常慢，不管是行走还是飞行。当它们休息的时候，长长的脖子会缩成"S"形，并且经常用一只脚站立。

如果它们想起飞，就必须助跑一段距离，一边奔跑一边用力扇动翅膀，才可以飞向天空。当东方白鹳遇到危险时，它们就会通过很多动作，如脖子伸直向上并拍打上下嘴发出声音，两脚不停走动等方式恐吓对方。

# 白琵鹭 / *Platalea leucorodia*
■ 鸟纲　■ 鹳形目　■ 鹮科

下面这个"发型酷炫"且嘴巴独特的鸟就是白琵鹭。白琵鹭全身白色，脖子又细又长。人们因其嘴巴的形状与琵琶的形状非常相似而将其命名为"白琵鹭"。

嘴巴既直又扁平 ≫

≫ 脚部细长呈黑色

展翅飞翔 ≪

白琵鹭的嘴巴呈黑色，既直又扁平，最尖端呈黄色汤匙状。它们的虹膜为暗黄色，胸部有一块淡黄色区域。白琵鹭的头顶有长长的白色羽冠，羽冠沿着头的弧度向下弯曲。

在觅食的时候，白琵鹭会在水中缓慢前行，扁平的嘴巴会在两侧摇动寻找水中的食物。白琵鹭休息的时候喜欢一只脚站立。白琵鹭的繁殖期在5～7月，它们会在干旱的芦苇丛中、树上或灌丛上筑巢。白琵鹭的卵呈白色，上面还有一些细小的红褐色斑点。

捕食水中的鱼 ≫

# 水域游禽

游禽是一类喜欢栖息在水中且在水中取食的鸟类。游禽的种类丰富，包含雁形目、潜鸟目、鹏鹈目、鹈形目、鸥形目、企鹅目中的所有种类，它们的趾间有蹼，飞行的时候双脚会伸向后方。

鸭类属于雁形目。它们的体形大多比较小，脖子比较长，个别种类的嘴巴比较大。它们走起路来大摇大摆，步履蹒跚。

鸭类

雁是一种大型游禽，是游禽中最善于飞行的一类。雁具有迁徙的习性，它们常常会远距离的迁徙。在迁徙途中，它们往往会排成"一"字形或"人"字形的队列。

雁类

天鹅是一种大型游禽，是鸭科中体形最大的一类。它们中的所有种类都是国家二级重点保护野生动物。它们的脖子和躯体一样长，甚至比躯体还长。

天鹅类

大水域

**144**

# 鸳鸯 / *Aix galericulata*
■ 鸟纲　■ 雁形目　■ 鸭科

　　鸳鸯又称作"中国官鸭""乌仁哈钦""匹鸟"，是国家二级重点保护野生动物。"鸳鸯"是一个合成词，"鸳"指雄鸟，"鸯"指雌鸟。鸳鸯体长38~45厘米。

≪ 水中游行的鸳鸯

雌雄鸳鸯 ≫

雄鸳鸯羽毛 ≫
艳丽

　　雌雄鸳鸯的体色相差很大。雄鸳鸯羽毛艳丽，头上有艳丽的羽冠，眼后还有漂亮的白色宽眼纹；而雌鸳鸯截然不同，雌性鸳鸯的体色大部为褐色，白色眼纹很细，虽然也很明显，但远不及雄性的好看。它们是一种杂食性鸟类，无论是动物性食物还是谷物类或植物性食物，它们都"来者不拒"。

鸳鸯在中国总是被人们看成是象征爱情的鸟类，经常出现在古代的诗词、散文之中，这是因为我们见到的鸳鸯大多是成双成对活动的。其实，雌雄鸳鸯并不会永远成双入对，它们大多只有在繁殖期的时候才会相伴左右。

≫ 站立的雄鸳鸯

雄鸳鸯有漂亮 ≫
的白色宽眼纹

《 繁殖期会成双成对

# 绿头鸭 / *Anas platyrhynchos*

■ 鸟纲　■ 雁形目　■ 鸭科

　　小时候，动画片《鸭子侦探》中的男主角的原型就是一只绿头鸭。绿头鸭体长47～62厘米，外形和大小都与我们饲养的家鸭相似。雄性绿头鸭的嘴为黄绿色，头和颈呈绿色，并且带有金属光泽，颈的基部还有一个非常明显的白色领环。雌性绿头鸭的嘴为黑褐色，身体大部为棕褐色，杂有黑褐色的斑纹。

《雄性绿头鸭嘴部为黄色，头颈部呈绿色

雌雄绿头鸭 ≫

　　绿头鸭在休息的时候往往处于半睡半醒的状态，当你观察它们的眼睛就会发现，它们竟然是睁一只眼闭一只眼睡觉的。这个技能可以很好地防止它们在睡觉的时候被敌人伤害。这种防御方式要归功于绿头鸭的一个独特的生理优势——绿头鸭可以控制大脑保持一半清醒、一半睡眠的状态。

它们不仅具有这个特异功能，还具备很强的飞行能力。不论是从陆地上还是从水面上，它们都可以直接飞上天空。这一技能也可以让它们以极快的速度躲避危险。

飞行能力很强 》

# 普通秋沙鸭 / *Mergus merganser*

■ 鸟纲　■ 雁形目　■ 鸭科

　　普通秋沙鸭是秋沙鸭中最大的一种，体长54～68厘米。它们主要栖息在内陆湖泊、江河、池塘等淡水水域。当繁殖期到来的时候，它们会栖息在森林或森林附近的湖泊、河口等地。

≪ 游泳

起飞时会显得有些 ≪
吃力

≪ 潜水后羽毛被浸湿

　　雄性普通秋沙鸭的头部以及脖颈的上半部为黑褐色，并且有绿色的金属光泽，脖颈的下半部、胸部、下体都为白色，背部为黑色。雌性普通秋沙鸭的体色与雄性的差别很大，它们的上颈部为棕褐色，喉部和下巴为白色，剩下的部位大多呈灰褐色。普通秋沙鸭往往在白天出来觅食。它们游泳的时候往往会把头浸入水中，以观察水中的猎物。普通秋沙鸭的潜水技术很好，起身一跃，随即翻身潜入水里，它们每次能在水中潜泳25～35秒。

不仅在水中，它们在陆地上行走的本事也不小，人们经常会在湖泊岸边、湿地公园见到它们。普通秋沙鸭的飞行能力也很强，只是在起飞时会显得有些吃力，想要起飞不光要用翅膀在水面上不断拍打，还需要在水面上助跑一会儿。它们的飞行速度很快，飞行路线也很直。你仔细听，还可以听到它们扇动翅膀的声音。

〝 雌性普通秋沙鸭

普通秋沙鸭雏鸟 〝

# 鸿雁 / *Anser cygnoides*
■ 鸟纲 ■ 雁形目 ■ 鸭科

　　鸿雁是一种大型水禽。它们喜欢集群活动，秋季的时候我们往往会看到成百上千只鸿雁集体南迁，它们经常会排成一路纵队或"人"字形队列。

《 湖中的鸿雁

有首歌中唱道："鸿雁，天空上，对对排成行……"这便是描绘了它们大规模迁徙的场景。在途中休息时，它们会安排"哨兵"待在高处站岗。如果遇到外敌入侵，"哨兵"会大声鸣叫，提醒同伴一同飞上天空躲避危险。

《 集群活动

橙色的双足 《

≫ 在岸边散步

　　正是因为鸿雁的迁徙行为，中国的故事中便常常以"鸿雁"来表达思乡之情。鸿雁"妈妈"在生出鸟蛋后会独自孵化，而鸿雁"爸爸"负责放哨，如果有敌人靠近，鸿雁"爸爸"会假装受伤，把敌人引到其他地方，使其远离自己的家人。

大水域

# 疣鼻天鹅 / *Cygnus olor*

■鸟纲 ■雁形目 ■鸭科

　　疣鼻天鹅是一种大型游禽，体长1.2~1.5米，因为它们的前额处有一块疣状凸起物而得名。它们很少发出叫声，因此也被叫作"无声天鹅"。其实，它们并不是不发出声音，而是它们发出的声音比较小，人们一般很难听到罢了。

雌鸟对雏鸟呵护有加 ≫

≫ 前额处有一块疣状凸起物

　　疣鼻天鹅主要生活在水草茂盛的开阔湖泊、水塘、沼泽等地，水生植物是它们的主要食物来源。当它们偶尔想要吃点"荤菜"的时候，一些软体动物、昆虫和小鱼也可以作为它们的美餐。疣鼻天鹅姿态优雅，游泳能力极强，可以单单用一只脚游动，也可以两只脚一同游动。

你有没有发现，我们印象中的疣鼻天鹅都在水面上游泳，其实，它们也会到陆地上行走，只不过它们特别胆小，只有在反复确认四周环境没有危险后才会放心地上岸行走，正因为这样，疣鼻天鹅喜欢在没有人的地方休憩。

≪ 在水中游泳

准备起飞 ≪

疣鼻天鹅是天鹅中产卵最多的一类，夏季可以产5~7枚卵。雌鸟需要用35~36天的时间才能孵化出"丑小鸭"们。"丑小鸭"们的生长极为缓慢，大约需要120~150天才具备飞行能力。在此之前，雌鸟对它们呵护有加，还会经常让小家伙们爬在自己的背上，那画面可真是温馨啊！

本书讲解音频
配套电子书
自然卡片
科普笔记

扫码立领

# 水域特殊游禽

　　有一些游禽，它们的长相独特：有的头戴帽子，有的长着"深渊巨口"，有的种类还具有一些奇奇怪怪的"习惯"，使它们在游禽中显得格外耀眼。这些独特的游禽让我们不禁感叹大自然的奇妙，即便是想象力最丰富的人，也无法拥有这样大的"脑洞"，创造出这般丰富多样且千奇百怪的生物。

# 赤颈䴙䴘 / *Podiceps grisegena*
■ 鸟纲 ■ 䴙䴘目 ■ 䴙䴘科

下面这个长着"大白脸蛋"的鸟就是赤颈䴙䴘，它们是国家二级重点保护野生动物。赤颈䴙䴘是一种中等游禽，它们体长48~57厘米，体色大部为红褐色和黑褐色。

《 "大白脸蛋"

赤颈鹧鸪的捕食方式很特别，它们通过潜水的方式捕食水下的猎物。如果猎物的个头较小，它们在水里就会直接吞下；如果猎物很大，它们便会把猎物夹出水面，用大大的嘴巴用力夹住并且摆动身体，使猎物流入食管。

叼着猎物飞行 ≪

≫ 具有红褐色的脖颈

　　它们的美餐不仅有在水中游的，还有在低空飞的。在飞行时，它们会一边飞行一边捕食空中的昆虫。它们平时非常温柔，但在繁殖期，它们就会变得具有攻击性，会捍卫自己的领地。

体色大部为红褐色和黑褐色 ≫

大水域

# 卷羽鹈鹕 / *Pelecanus crispus*

■ 鸟纲　■ 鹈形目　■ 鹈鹕科

　　说到鹈鹕，我们就会想到那张大大的嘴巴。卷羽鹈鹕是国家二级重点保护野生动物。卷羽鹈鹕常栖息在沿海海岸、江河、湖泊或沼泽地带。

《 捕食鱼类

颈部羽簇卷曲 〉〉

　　它们体长160~180厘米，虹膜呈淡黄色。卷羽鹈鹕具有又长又粗的嘴巴，嘴巴为铅灰色，上下嘴边缘的后半段呈黄色，嘴巴前端还有一个黄色弯钩。卷羽鹈鹕的游泳能力和飞行能力都很强，它们有时会成群地翱翔在水面上，有时会伸直脖子游泳，有时大嘴倾斜朝下努力"搜寻"水中的猎物。

捕食的时候，它们总是四五只一同捕食。它们会横向排成整齐的队伍，将鱼赶到湖边的浅滩，然后用大嘴巴捕鱼。它们的下颌处有一个奇特的"秘密武器"——喉囊。非繁殖期喉囊呈黄色，繁殖期喉囊呈橙红色。当它们捕到鱼后收缩喉囊，可以把口中的水排出去，鱼则留在口中，这之后它们便可以享受这顿大餐啦！如果食物太多吃不完，它们还可以将其继续存放在口中。在吃饱之后，它们常常会张开大嘴晾晒吹干或用脖子将喉囊从内侧顶出来清理泥沙等杂物。

喉囊呈橙红色 ≪

# 普通鸬鹚 / *Phalacrocorax carbo*
■ 鸟纲　■ 鲣鸟目　■ 鸬鹚科

　　普通鸬鹚对环境的适应能力非常强。为了捕鱼，普通鸬鹚具备极其发达的喉囊。普通鸬鹚的翅膀已经进化到可以通过划水辅助前进。

《全身大部呈
黑褐色

《 与其他水鸟一
起寻找猎物

　　普通鸬鹚非常聪明，当它们在水草密布的地方活动时会用脚来提供前进的动力，而当它们在清澈的水域捕食时便会加上翅膀的划水来加速前进。普通鸬鹚还有一个别称——鱼鹰，从这一称呼上便可以看出它们的捕鱼本领有多强了。普通鸬鹚一般会通过潜水的方式捕鱼。

普通鸬鹚的视力并不好，但是听力极佳。它们能通过声音在水中搜寻目标，还会悄悄接近目标，然后来一个"突然袭击"，很多鱼类都难以逃脱。

嘴巴较扁，先端稍 》
向下弯曲

# 白骨顶 / *Fulica atra*

■ 鸟纲　■ 鹤形目　■ 秧鸡科

　　白骨顶又叫"骨顶鸡"。别看它们所属的秧鸡科和别称中都有个"鸡"字，其实，它们与鸡一点关系都没有。白骨顶因其头顶部有一块白色的额甲而得名。

≪ 全身大部分为黑色

在水边筑巢 ≫

　　白骨顶非常善于游泳和潜水，再加上极佳的视力，它们可以清晰地看到水中游来游去的"美食"，并以最快的速度发起进攻。在遇到危险的时候，它们往往会通过长时间的潜水来躲避敌害。你知道吗，黑乎乎的它们生出的鸟宝宝的头部竟然是橘红色的。

≪ 迅速冲向猎物

白骨顶雏鸟的颜色鲜艳。研究发现，雏鸟鲜艳的颜色与其父母的喂养偏好有很大关系。鸟宝宝破壳的顺序有所不同，一般来讲，破壳越晚的雏鸟颜色越鲜艳，而白骨顶亲鸟会优先给色彩鲜艳的鸟宝宝投喂食物，这样一来，即便是后出生的鸟宝宝也会很快赶上哥哥姐姐们的体重。

聚集在陆地上　》

∨ 雏鸟橘红色的头部

# 红喉潜鸟 / *Gavia stellata*

■ 鸟纲 ■ 潜鸟目 ■ 潜鸟科

红喉潜鸟是潜鸟科、潜鸟属的一种大型水禽，体长54~69厘米。繁殖期的它们主要栖息在北极苔原和森林苔原带的湖泊、江河与水塘之中。而在冬季到来或迁徙期间，它们则会栖息在沿海海域、海湾以及河口等地。

≪ 全身大部呈灰色

脖颈的前部有一片鲜艳 ≫
的红色区域

红喉潜鸟黑色或淡灰色的嘴巴又细又尖，并且稍稍向上翘起。它们的虹膜为红色或栗色，脚为绿黑色。正如它们的名字一样，它们脖颈的前部有一片鲜艳的红色区域。

红喉潜鸟极其善于潜水，起飞时也非常灵活，不需要助跑便可以直接起飞。它们长时间在水中活动，偶尔到陆地上行走，走起路来往往会匍匐前进。在雌鸟产下鸟蛋的时候，雌雄鸟会轮流孵蛋，期待着小雏鸟的出现。

不需要助跑就》
可以直接在水
面上起飞

《 飞翔

- ✓ 本书讲解音频
- ✓ 配套电子书
- ✓ 自然卡片
- ✓ 科普笔记

扫码立领

# 水域中的鱼类

　　鱼类是最古老的脊椎动物，也是脊索动物门中种类最多的一类。它们用鳃呼吸，用鳍前行。鱼类的分布范围非常广泛，小到河流湖泊，大到大江大洋，地球上所有的水域中几乎都有它们的身影。

大水域

# 黄河鲤鱼 / *Cyprinus carpio*
■ 硬骨鱼纲 ■ 鲤形目 ■ 鲤科

　　黄河鲤鱼又称作"鲤拐子"，与淞江鲈鱼、兴凯湖鱼、松花江鲑鱼共同被誉为我国的"四大名鱼"。黄河鲤鱼被34~38片金光闪闪的鱼鳞包裹着。早在春秋战国时期，国与国之间相互往来馈赠的礼品中，鲤鱼便是其中一种。

≫ 四大名鱼之一

金光闪闪的鱼鳞

唐代时，因为鲤鱼中的"鲤"，与皇室"李"姓谐音，鲤鱼因此身价倍增，甚至高到了不准食用和买卖的地步。白居易等古代诗人都曾给鲤鱼写了不少的诗词歌赋。动画片《小鲤鱼历险记》中主角的原型便是鲤鱼。还有"鲤鱼跃龙门"一说。这些从古至今的例子都说明出鲤鱼在中国的地位之重。鲤鱼也因为其鲜嫩的肉质而被大家广泛喜爱。

# 鲫鱼 / *Carassius auratus auratus*

■ 硬骨鱼纲　■ 鲤形目　■ 鲤科

　　鲫鱼是我国最常见的淡水鱼类之一。鲫鱼肉质鲜美，具有很高的营养价值。你知道鲫鱼的"鲫"是怎么来的吗？鲫鱼在水中时总是一条挨着一条，喜欢群集活动，而"即"又有"靠近"的意思，因此，"即"加个"鱼"便出现了"鲫鱼"一词。

≪ 喜欢群集活动

≫ 我国最常见的淡水鱼之一

鲫鱼的"鲫"字读音和"吉"相仿，因此，鲫鱼代表了好兆头。有"吉"便会"喜"，鲫鱼又被称作"喜头鱼"。每逢过节，鲫鱼总是会出现在餐桌上，代表了人们对未来生活的期待与向往。许多人还会给孕妇制作鲫鱼菜肴，这不光寄托了家人对母子的祝福，据说吃鲫鱼还会给产妇和婴儿补充营养。鲫鱼不仅有丰富的营养价值，还具有极高的观赏价值。

# 草鱼 / *Ctenopharyngodon idella*

■ 辐鳍鱼纲　■ 鲤形目　■ 鲤科

　　草鱼与青鱼、鲢鱼、鳙鱼并称为我国的"四大家鱼"。别看草鱼长得一副普普通通的样子，它们其实是"贪吃鬼"。它们的食性很广。在幼体时期，它们以藻类、幼虫为食，但随着逐渐长大，它们的食性也慢慢变成草食性，主要以水草等水生植物为食，"草鱼"这个名字也由此而来。

《　跃出水面

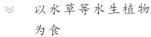

≫　以水草等水生植物
　　　为食

它们不光吃得杂，食量还特别大。过去有些种水稻的人家刻意利用草鱼除草，草鱼的工作效率极高，不一会儿就完成了除草工作。不光如此，草鱼们还经常因为争夺食物而大打出手。你看那鱼塘里溅起的水花，没准就是草鱼激烈战斗造成的。

我国"四大家鱼"之一 ≪

大水域

# 鲶鱼 / *Silurus asotus*
■ 鱼纲　■ 鲶形目　■ 鲶科

　　鲶鱼，听起来就感觉它"黏糊糊"的。的确是这样，鲶鱼身上有许多黏液，头又扁又宽，嘴巴很大，还长着长长的胡须，而且身上也没有鱼鳞包被。但你可不要"以貌取人"。鲶鱼可是一种底层凶猛性鱼类。它们很怕光，喜欢在阴暗的石缝、石洞中活动。如果把它们放在光下，它们会变得非常暴躁。如果水中鲶鱼密度很大，它们还会相互撕咬，死伤惨重。

《 头又扁又宽，
　 嘴巴很大

〉 鲶鱼与龟

　　鲶鱼在春天开始活动觅食；寒冷的冬季来临时，它们便不会再吃东西，经常一动不动地在深水区或洞穴中度过冬季。你看它们那小小的眼睛便知道它们的视力并不好，寻找食物全靠嗅觉和两对触须。它们的食量会随着气温的升高而增大。

# 鲢鱼 / *Hypophthalmichthys molitrix*
■ 硬骨鱼纲 ■ 鲤形目 ■ 鲤科

　　鲢鱼又称作"白鲢""水鲢""跳鲢"，是我国的"四大家鱼"之一。在小鱼苗时期，它们以水中的浮游生物为食，还会吃草鱼、鸡、牛的粪便；长大后，它们以浮游植物为食。

≪ 鲢鱼群

∨ 寻找食物

鲢鱼是一种典型的滤食性鱼类。与其他鱼类的进食方式不同，鲢鱼在进食的时候会一口一口地将水中的浮游植物吸入口中，再依靠鳃的特殊结构将水排出，食物则仍留在口中，随即便将美食送入胃中。鲢鱼非常喜欢跳跃，虽然它们行动有些笨拙，但也无法阻挡它们逆流而上的习性。它们的耐低氧能力极低，当水中氧气不足时，没准第一个飘起来死亡的就是它们。

跃出水面 ≫

# 大荒漠

　　有一个神秘的地方，低头裸地黄沙，抬头便是天空。我们都知道，水源的极度短缺才形成了沙漠，也正因为这样，沙漠被称作"生命的禁区"。若把你一个人丢在这里，没有水源、没有食物，你很难生存下去，更不必说找到回家的路了。站在这里，我们更能体会到在自然面前人类是如此渺小。在这样的环境中仍旧有许多强者，它们在这里生存、繁衍，这些强者便是居住在这里的动物们。它们凭借极强的适应能力，踏上了这片未知且充满危险的土地。也正是它们的到来，为这首"风沙协奏曲"中增添了不一样的乐符。

■ 荒漠鸟类

■ 荒漠兽类

▲ 内蒙古荒漠地貌

大荒漠

# 内蒙古五大沙漠

## 巴丹吉林沙漠

　　巴丹吉林沙漠位于内蒙古高原的西南边缘，分布在额济纳旗和阿拉善右旗，总面积约4.92万平方千米，是中国第三大沙漠，世界第四大沙漠，被评为"中国最美沙漠"，它还被《中国国家地理》誉为"上帝画下美丽的曲线"。巴丹吉林沙漠以流动沙丘为主，沙漠形态以新月形沙丘链和金字塔沙山为主，沙丘起伏较大。其中，沙漠腹地的必鲁图沙峰相对高度500余米（海拔1611米），有"沙海珠穆朗玛峰"之称。

## 库布齐沙漠

　　库布齐沙漠位于鄂尔多斯台地北部边缘的黄河阶地，东西狭长分布，包括杭锦旗、达拉特旗和准格尔旗，总面积约1.86万平方千米，是中国第七大沙漠。"库布齐"蒙古语意为弓上的弦，因其地处黄河下方，像一根挂在黄河上的弦而得名。库布齐沙漠地势平坦，形态以沙丘链和格状沙丘为主。

### 腾格里沙漠

腾格里沙漠主要分布在内蒙古阿拉善盟以及甘肃、宁夏等地，总面积约4.27万平方千米，是中国第四大沙漠，以流动沙丘为主，大多为格状沙丘链及新月形沙丘链。

### 乌兰布和沙漠

乌兰布和沙漠分布在河套平原的西南部，介于黄河、狼山和巴音乌拉山之间，总面积约1.15万平方千米，是中国八大沙漠之一。地势由南偏西倾斜，沙漠南部多流沙，中部多垄岗形沙丘，北部多固定和半固定沙丘。

### 巴音温都尔沙漠

巴音温都尔为蒙古语，意为"富饶的高地"。巴音温都尔沙漠位于乌拉特后旗和阿拉善左旗境内，由雅玛雷克、本巴台、海里斯及白音查干等沙漠组成，总面积约1.14万平方千米。

大荒漠

# 荒漠鸟类

在环境恶劣的沙漠地带，干旱和极大的昼夜温差每天都在考验着生活在这里的动物们。为了生存，鸟类做出了许多改变和努力，有的种类竟然会用沾湿羽毛的方法来贮存水分。它们向大自然证明了自己顽强的生命力，成了生活在这片荒凉土地上的"勇士"。

扫码立领

音频丨电子书丨卡片丨笔记

**雀形目**

雀形目鸟类的种类丰富且分布广泛，在各种生态环境中都可以听到它们悦耳的鸣叫声。雀形目所包含的种类占据鸟类全部种类的一半以上，是鸟纲中最大的一目。

**沙鸡目**

沙鸡目鸟类的外形和大小与鸽子相似。它们的翅膀和尾巴又长又尖，不能分泌"鸽乳"来喂养雏鸟。它们主要分布在沙漠地区，其中最具代表性的就是毛腿沙鸡。

**隼形目**

隼形目鸟类的体形差异较大，大型、中型、小型种类都有。它们是昼行性的猛禽，嘴巴又粗又大，身体非常强壮。它们身形敏捷矫健，飞行速度极快。它们的喙和爪子都带有尖锐的弯钩，是非常强劲的掠食者。

# 荒漠伯劳 / *Lanius isabellinus*
■鸟纲　■雀形目　■伯劳科

　　下面这个浑身淡褐色、眼睛上具有深褐色纹路的可爱小鸟就是荒漠伯劳。你可别被它们娇小可爱的外表蒙骗了！它们可是一种以昆虫、蜥蜴、小蛇等小动物为食的食肉鸟类。

︽　寻找猎物

︽　喜欢将食物挂在
　　树枝上食用

　　荒漠伯劳会把捕捉到的猎物固定在荆棘等长着尖刺的植物上，然后便开始享受自己的"美餐"。它们甚至会把这株植物当作一个"粮仓"，把食物存在上面，等饿了或是喂养雏鸟时，这些"储粮"就会派上大用场了。

那些身上带有毒素的小动物就不会成为它们的目标了吗？这可难不倒它们！它们会把带有毒素的动物穿刺在尖刺上，将猎物的尸体晾晒几天，等毒素挥发干净后，就可以饱餐一顿了。

≫ 在树枝上观察四周

≫ 眼睛有深褐色纹路

# 毛腿沙鸡 / *Syrrhaptes paradoxus*
■ 鸟纲 ■ 沙鸡目 ■ 沙鸡科

　　毛腿沙鸡还有"沙半斤""突厥雀""寇雉"等别名，是一种中型鸟类。它们主要栖息在平原草地、荒漠和半荒漠地区，以浆果、嫩枝、嫩叶等植物为食。

雌雄毛腿沙鸡 ≪

≪ 行走在荒漠的土地上
　 不易辨认

　　毛腿沙鸡的大小和我们家中养的鸽子差不多，它们的体长可达27~43厘米。毛腿沙鸡的头部为橙黄色，体色为棕色，并且上面布满了许多黑色的横斑，这独特的体色成了它们在荒漠地区赖以生存的保护色。

毛腿沙鸡的腿特别短，正如它们的名字一样。它们的腿上长满了又细又短的羽毛，在这短羽之下是黑黑的小爪子。毛腿沙鸡的繁殖期在4～7月，卵为土黄色或土灰色，上面还长有褐色或灰色的斑点。别看它们的名字叫毛腿沙鸡，它们其实是鸽形目的一种鸟。它们的尾巴和翅膀又尖又长，虽然不能远距离飞行，但飞行速度却非常快，两个翅膀用力且快速地扇动着，像是在拼命证明自己飞行能力很好似的。

　　有趣的是，它们喜欢将自己泡在水里，把羽毛浸湿。它们可不是喜欢泡澡，它们这样做是为了养育小雏鸟。它们把自己泡在水里，带着湿漉漉的羽毛回家，小雏鸟就可以饮用母亲身上的水啦！

# 秃鹫 / *Aegypius monachus*

■ 鸟纲 ■ 隼形目 ■ 鹰科

　　下面这个有些"秃头"的大鸟就是秃鹫。秃鹫的栖息范围十分广泛，丘陵、草原、荒漠都有它们的身影。它们是高原上体形最大的食腐类猛禽，是国家一级重点保护野生动物。秃鹫被称作"草原上的清洁工"，它们以腐尸为食。它们展开的翅膀可达2~3米。

脖子根部有一圈较长的羽毛 ≪

≪ 嘴的上部分向下弯曲，
仿佛一把尖锐的钩子

　　你看它们脖子根部有一圈比较长的羽毛，这羽毛的作用就像婴儿的围嘴一样，可以在它们狼吞虎咽享受大餐的时候保护身上的羽毛不被弄脏。它们的嘴特别有力，嘴的上部分向下弯曲，仿佛一把尖锐的钩子，在进食的时候，可以轻而易举地将猎物坚硬的外皮撕碎，钳出美味的内脏。

它们"秃顶"一般的头可以非常方便地伸进动物尸体的内部。它们大多以哺乳动物的尸体为食。当某一处孤零零地躺着一只动物时，它们便会盘旋在其身边进行观察，观察两天左右，如果这动物还是一动不动，它们便会降低飞行高度，近距离确定动物是否死亡。当它们发现这动物还是没什么动静时，才会降落到尸体身边，即便这时，它们也会做好随时起飞的准备，可以说是非常谨慎了。当它们开始享受美食的时候，会以一种独特的方式发出信号，不久后，许多同伴便会一起飞来，一同享受这盛宴。在这个时刻，它们的脸和脖子往往会呈现出鲜艳的红色，通过这种方式警告其他秃鹫不要下来争抢食物。

# 荒漠兽类

　　荒漠中往往没有高大的灌丛和树木，而生活在这里的兽类想要捕食到猎物就要更好地伪装自己，因此，它们厚密的毛发逐渐演化成与岩石、土地相近的颜色，它们将自己融入环境之中，往往会给猎物出其不意的致命一击。

**食肉目**

☑ 本书讲解音频
☑ 配套电子书
☑ 自然卡片
☑ 科普笔记

扫码立领

　　食肉目就是我们常说的"猛兽"，它们长着尖锐的牙齿、锋利的爪子，它们依靠发达的听觉、嗅觉和视觉寻找猎食目标。它们一旦锁定目标，便会凭借发达的肌肉和灵敏、矫健的身形向其发起迅猛的进攻。

# 猞猁 / *Felis lynx*

■ 哺乳纲　■ 食肉目　■ 猫科

　　哇！这里有一只"大猫"！说是"大猫"，其实是猞猁，它们不仅是国家二级重点保护野生动物，还是罗马尼亚的国兽。它们外形像猫，其实体形要比猫大得多。它们的四肢十分健壮，两颊有像络腮胡一样的长毛。它们的尾巴极其短小，与其强壮的身躯很不相配。它们尾巴尖部呈黑色。

耳朵上的簇毛 ≫

≪ 四肢健壮

≪ 两颊有像络腮胡
　一样的长毛

　　它们耳朵尖上立着的长长的黑色簇毛让其极具辨识度，你以为是为了漂亮吗？其实，耳朵上的簇毛有利于收音集波，可以更好地帮助它们捕捉身边各种细微的声音，提高了它们捕猎等生存能力。

你知道吗，也正因为这簇毛，曾一度给它们引来杀身之祸。过去西方有些国家认为它们的外观像恶魔撒旦，对它们进行大肆捕杀，差点使这个物种消失在地球上。现在人们幡然醒悟，放过了这可怜的"大猫"。

⌄ 具有爬树的能力

# 沙狐 / *Vulpes corsac*
■ 哺乳纲　■ 食肉目　■ 犬科

　　沙狐是我国最小的一种狐狸，主要捕食啮齿类、鸟类、爬行类等动物。它们的毛色呈暗棕色，脸部毛色比较暗，耳朵背面和四肢的外侧为灰棕色，腹部和四肢内部为白色。

体色大部 》
呈暗棕色

脸部毛色比较暗 》

《 大大的耳朵

　　沙狐有着大大的耳朵，当它们在炎热的荒漠地区奔跑的时候，大大的耳朵可以帮助身体加速散热，耳朵大还有利于收音。

沙狐的奔跑速度不是很快，但是它们的捕食率极高，其原因首先要归功于它们敏锐的听觉；其次是它们懂得"团结就是力量"这个道理，沙狐和同伴会通过默契的配合将美味收入腹中，这些都弥补了它们速度上的不足。

准备捕猎 》

# 兔狲 / *Otocolobus manul*
■ 哺乳纲　■ 食肉目　■ 猫科

当你看到兔狲的时候，肯定会认为它就是我们家养的猫咪！其实，兔狲是世界上最古老的猫科动物之一，是国家二级重点保护野生动物。它们经常会摆出一副很不好惹的样子，被称为"猫中鳌拜"。它们不仅能发出小猫的呼噜声，兴奋时还会发出小狗的吠叫声。

≫ 打哈欠

≪ 小圆点形状的瞳孔

悄悄接近猎物 ≪

兔狲是猫科动物中奔跑速度最慢的一种动物。别看它们跑得慢，它们在捕食方面却有着自己的小技巧。兔狲的视觉和听觉非常发达，可以迅速捕捉到猎物的身影，然后，它们会藏匿在岩石或灌丛中，再用脚底厚厚肉垫悄悄接近猎物，猎物往往来不及反应便无法逃脱了。

它们的表情包曾一度火遍网络。为什么它们会有那么多的表情包呢？其实，这与它们奇特的瞳孔有关，它们不像家猫一样可以将瞳孔形状变为细长，它们的瞳孔类似猫头鹰的瞳孔，可以变成小圆点，因此，它们大大的脸配上小圆点形状瞳孔的眼睛，就显得非常"有喜感"，也正是因为这一特征，兔狲被称作"高原上不会飞的猫头鹰"。

︽ 捕食猎物

# 雪豹 / *Panthera uncia*
■ 哺乳纲　■ 食肉目　■ 猫科

雪豹被称作"雪山之王"。它们的行动敏捷，捕食能力很强，可以毫发无损地从3～4米的悬崖上跳下来。

≫ 伺机捕猎

≫ 吼叫

雪豹看起来胖乎乎的，其实是因为它们的毛发特别厚，腹部的毛发可长达10厘米。如果你用手摸它们的腹部，想必手都会被长长的毛发所掩埋。这一身厚厚的毛发就像冬天我们穿的"羽绒服"一样，甚至比羽绒服还要保暖。也是因为这一身"厚衣服"，它们才可以这样自由自在地在雪地上飞驰。

≪ 具有极厚的皮毛

雪豹曾因为极其"魔性"的叫声而走红，这与外形极其不符的音色来源于它们独一无二的舌骨。这舌骨既不能使它们发出如狮吼虎叫般的霸气声音，也无法让它们拥有猫咪那样可爱温柔的声线。不过，如果不是这样的声音，它们就可能会成为雪崩事件的罪魁祸首了。

怒吼 》

《 暗中观察猎物